KB207085

SALZBURG

풍월당 문화 예술 여행 01
SALZBURG

잘츠부르크

박종호

PUNG WOL DANG

이제 유럽 여행은 우리에게도 흔한 일이 되었다. 그런데 간혹 유럽까지 가서 여전히 이름난 장소에서 사진을 찍고 명품 숍만 기웃거리는 사람들을 볼 때면 안타깝기 짝이 없다. 유럽은 모두가 알고 있듯이 문화와 예술이 가장 발달한 보고寶庫다. 그런 만큼 유럽 여행의 정수는 문화의 뿌리를 알고 예술을 누려 보는 데 있다고 생각한다. 그것은 행위 자체로 더할 나위 없는 즐거움이기도 하며, 그런 여행은 여행에서 돌아와서의 생활을 보다 풍요롭고 가치 있게 바꾸어 줄 수 있다.

국내에 많은 여행안내서가 나와 있지만, 대부분 일회적 감상 위주거나 반대로 단순 가이드북 수준이다. 간혹 전문 예술 분야 안내서가 있긴 하지만 미술이나 건축 아니면 음식 같은 특정 분야에 한정되어 있는 것이 대부분이다. 하지만 도시에서 미술 작품만 감상하거나 음식만 먹으며 다닐 수는 없다. 우리는 유서 깊은 문화를 담고 있는 장소나 카페 그리고 현지에서의 수준 높은 공연도 원한다.

이 책은 그런 문화와 예술에 관한 본격 여행안내서다. 이것은 문화와 예술을 찾아서 한 시기에 유럽을 편력했고 지금도 그러고 있는 저자가 두 발로 쓴 책이다. 이 책이 여행에 대한 범위와 깊이를 더해 주기를 소망하면서, 세상에 내놓는다.

차례

나의 잘츠부르크

처음 잘츠부르크에 도착했을 때의 그 혼란스러웠던 기억이 지금도 생생하다. 독일에서 작은 렌터카를 빌려 아우토반으로 잘츠부르크에 접근했다. 내비게이션도 없던 시절이라 잘츠부르크 주변에 세 개나 있는 인터체인지 중 하나를 '찍어서' 겨우 진입했다.

하지만 페스티벌 기간이라 숙소부터가 구하기 어려웠다. 호텔은 거의 만실이었다. 투어리스트 인포메이션 센터 앞에 줄을 서서 무서운 안경을 쓴 오스트리아 여직원에게 내가 원하는 조건과 가격을 심문당하고, 한참을 기다린 후에야 숙소의 이름과 주소를 신줏단지처럼 받아 들고 물러 나왔다.

아침이 되어 일어나서야 방을 둘러보았다. 통나무로 지어진 티롤풍의 전통 여관. 높다란 지붕 밑은 어둡고 썰렁하여 8월 한낮에도 한기가 올라왔다. 낮에 담요를 두르고 있어도 몸이 덜덜 떨렸다. 더는 있을 수가 없어 밖으로 나왔다. 호텔은 시내에서 멀었다. 30분을 기다려 버스를 타고 겨우 시내로 나갔다. 길가의 카페를 찾아서 따뜻한 커피를 마시면서 지나가는 사람들을 바라보고서 비로소 잘츠부르크에 왔다는 생각이 들었다.

하지만 그것도 잠시. 다시 또 일어나서 시내 곳곳을 찾아다니면서 티켓을 구하고, 그날의 티켓 하나를 손에 쥐면 그것을 잃어버릴까 봐 셔츠 가슴 주머니에 접어 넣고 허기진 배를 채우려 식당을 찾았다. 어디서 뭘 파는지 뭐가 맛있는지 알 수 없어 그냥 눈에 띄는 데로 들어갔다. 어찌 어찌해서 배가 부르면 그제야 정신이 들어, 다시 공연을 보러 갈 채비를 했다.

그렇게 매일 두 발로 직접 찾아다녔던 그 도시의 골목 하나 가게 하나가 지난날 나의 한 시절을 담아낸 필름 속의 세트들처럼 떠오른다. 그것은 문화적 호기심에 열정을 불태우던 한철의 기록이다. 지금도 그곳을 찾아가 보면 배경들 대부분은 여전히 같은 모습으로 그 자리를 지키고 있다.

무엇보다도 수백 편이 넘는 공연의 감동은 여기서 필설로 다 표현할 수 없다. 그 후로 잘츠부르크는 매년 찾는 도시가 되었고, 점점 그 작은 도시가 가진 깊은 매력에 빠졌고, 숨겨진 의미도 깨닫게 되었으며, 문화와 사회에 대해 잘못 가졌던 인식도 고쳐 가게 되었다. 관광객들이 잘 찾지 않는 숨은 곳들의 진가도 하나씩 알게 되었다. 잘츠부르크는 작은 도시지만 마르지 않는 샘처럼 끊임없는 영감이 솟아오르게 하는 곳이었다. 거기서 펼쳐지는 전시와 공연은 각 분야에서 세계를 리드하는 것이었고 그곳의 식당과 가게는 유럽에서 가장 앞서갔다. 그러므로 그것들은 나에게 휴식일 뿐만 아니라 다음 걸음을 위한 강력한 자극제이기도 했다.

나는 잘츠부르크에서 최고를 보았다. 세계 최고란 이런 것이구나. 이

수준이면 인정을 받는구나. 심지어는 정상급이라는 것도 이 정도일 뿐
이구나……. 이렇게 세상을 보는 시각과 기준을 만들어 준 도시가 잘츠
부르크였다.

　잘츠부르크를 매년 방문한 것이 햇수로 15년이 넘었다. 그동안 적지
않은 분들이 이곳을 찾는 것을 보았다. 아마도 그들의 첫걸음은 처음의
나와 크게 다르지 않을 것이다. 잘츠부르크의 참모습을 알지 못한 채로
스쳐보거나, 시간과 비용을 들이고도 효율적으로 다니지 못하고, 심지
어는 중요하지 않은 데서 정열을 허비하는 경우도 흔하다. 그것들은 결
국 이 도시의 진가를 제대로 보지 못하는 것이고, 나아가 서양 문화와
예술에 대한 오해로까지 이어지는 것이다.
　그리하여 그간의 나의 경험과 실수를 망라하여 그 결과를 정리하기
로 작정했다. 지난 세월의 그 모든 것을 아낌없이 여러분에게 펼쳐 내놓
는다. 멋지고 깊이 있는 도시 잘츠부르크가 여러분을 진정으로 쉬게 해
주고 기쁘게 하며 또 자극하고 결국에는 행복하게 해 주기를 바란다. 나
아가 이 도시가 여러분의 가슴속에 아직도 사라지지 않고 남아있을 작
은 불씨를 한 번 더 지펴 주기를 기대해 본다. 그 불이 점점 커지면 문화
적 갈증으로 목말라하는 우리 방방곡곡의 다양한 분야로 퍼져 갈 수 있
을 것이다. 그것이 들불처럼 강렬하지는 않더라도 진짜가 되어서 조용
하고 진실 되게 퍼지기를 소망한다.

독일

뮌헨

잘초부르크

브레겐츠

인스브루크

스위스

이탈리아

체코

린츠

빈

그문덴

바트 이슐

오스트리아

헝가리

그라츠

슬로베니아

크로아티아

잘츠부르크라는 도시

작고 매력적인 도시, 잘츠부르크

유럽 대륙 한가운데, 하지만 해발 400미터의 높고 좁은 구석에 숨어 있는 작은 도시가 잘츠부르크Salzburg다. 지도를 보면 초록색의 광활한 평지가 대부분인 유럽 대륙의 한복판에 흰색으로 우뚝 솟아 있는 것이 있다. 바로 거대한 알프스 산맥이다. 잘츠부르크는 이 알프스 지역의 한 자락에 위치하여 북쪽으로 독일-오스트리아 대평원을 바라보면서 다소곳이 앉아 있다.

잘츠부르크는 인구가 15만에 불과하며, 자연환경은 살기에 최상의 조건을 자랑한다. 시의 서남쪽은 높은 바위산으로 막혀 있고, 동북쪽으로는 빠른 유속의 작은 강이 가로막고 있다. 그렇게 바위산과 작은 강 사이에 생긴 좁은 땅 위에, 마치 장난감 블록으로 만든 마을처럼 빽빽이 들어찬 좁은 골목과 건물이 시가를 이룬다. 그리고 시가지의 지붕들, 즉 비좁을 정도로 많은 탑과 거대한 돔이 스카이라인을 형성하고 있다. 게다가 뒤로는 동화책에 나올 법한 가파른 산 위에 거대한 고성古城이 배경처럼 서 있다……

사람들이 머릿속으로 흔히 그리는 유럽 도시의 모습은 우리가 이발소 그림이라고 부르는 유치하기 짝이 없는 사진이나, 아이들이 보는 그림책 속에서나 비슷할 것이다. 즉 산 위에는 성채城砦가 있고, 그 아래에는 성당이 있으며, 날렵한 첨탑과 둥근 돔, 화려한 궁전, 거기에 도시를 관통해 흐르는 구불구불한 작은 강, 그리고 그 위에 놓인 오래된 돌다리……

이런 상상 속의 모든 것을 완벽하게 갖춘, 게다가 그것들이 한눈에 들어올 정도로 밀집되어 자리한, 완벽한 형태의 도시가 잘츠부르크다. 그러므로 그런 잘츠부르크를 담은 사진들은 우리가 잘츠부르크에 가기 전부터 혹은 그 도시가 잘츠부르크라는 것을 알기도 전부터 이미 우리 마음속에 있었으며, 우리에게 오라고 손짓했을지 모른다.

많은 지성인이 잘츠부르크를 묘사해 왔지만, 실제로 잘츠부르크를 선택해 살았던 오스트리아의 문호 슈테판 츠바이크(1881~1942)만큼 이 도시를 잘 알고 마음속 깊이 사랑했던 사람도 없을 것이다. 그는 잘츠부르크를 이렇게 표현했다.

잘츠부르크는 모든 오스트리아의 소도시 중에서 그 풍경뿐만 아니라, 그 지리상의 지형에 의해서도 나에게는 가장 이상적인 도시로 생각되었다. 왜냐하면 이 도시는 오스트리아의 가장자리에 위치하고 있어서 기차로 뮌헨까지는 두 시간 반, 빈까지는 다섯 시간, 취리히 또는 베네치아까지는 열 시간, 파리까지는 스무 시간이 걸렸기 때문이다. 따라서 유럽으로 향하는, 그야말로 용수철과 같은 지점이라고 말할 수 있었다.

물론 그 당시만 해도 아직 그 예술제로 말미암아 아마 유명한 명사들의 회합지는 아니었고(만약 그렇다면 나는 그곳을 일하는 장소로는 택하지 않았을 것이다), 알프스의 마지막 언덕에 있는 고풍스럽고 졸립고, 낭만적인 소도시였다……

— 슈테판 츠바이크, 곽복록 옮김,『어제의 세계』, 지식공작소

약 100년 전 잘츠부르크의 모습을 묘사한 이 츠바이크의 글은 잘츠부르크와 유럽의 주요 도시에 대해 지금과 별반 다르지 않은 이야기를 하고 있다. 다만 지금은 잘츠부르크에서 여러 도시로 가는 데 걸리는 열차시간이 약 절반 이하로 줄었다. 츠바이크가 '그 예술제'라고 한 것은 당연히 1920년부터 시작한 '잘츠부르크 페스티벌'을 일컫는 것인데, 그의

잘츠부르크에 가는 방법

우리나라에서 잘츠부르크로 바로 가는 직항 비행기는 없다. 그러므로 유럽의 허브 공항들, 즉 암스테르담, 파리, 런던 등을 경유할 수밖에 없다. 주로 프랑크푸르트 공항을 통하여 가는 항공편이 많다.

인천에서 직항편이 있는 유럽 도시들 중에서 잘츠부르크에 가장 가까운 공항은 뮌헨 공항이다. 뮌헨에서는 육로로도 잘츠부르크에 갈 수 있는데, 열차로는 1시간 30분 정도 걸린다. 잘츠부르크까지의 거리는 빈보다도 뮌헨이 가깝다. 간혹 같은 오스트리아라는 이유로 빈을 경유하는 게 좋을 것이라는 분이 있는데, 굳이 빈을 경유할 이유는 없다. 특히 페스티벌이 열리는 여름이라면, 빈은 공연도 없고 거의 바캉스 시즌이다. 빈에서 잘츠부르크까지는 열차로 2시간 30분 정도 걸린다. (자세한 내용은 310쪽 참고)

우려대로 지금은 이 페스티벌을 보기 위해 세계에서 사람들이 모여들고 있다. 하지만 츠바이크의 판단처럼 굳이 페스티벌이 아니더라도(아니 없다면 도리어 더) 잘츠부르크야말로 유럽의 한가운데에 조용히 앉아 있는 매력적인 도시일 것이다.

하여튼 페스티벌 덕분이기는 하지만, 최근에 이 작은 도시는 급격하게 유명해져서, 문화를 좀 안다는 사람이나 문화인이 되고 싶어 하는 사람이라면 너 나 할 것 없이 한번쯤 가 보고 싶어 하는, 마음속 여행 리스트에 올라 있을 곳이기도 하다.

그런 사람들도 파리나 런던, 로마가 아니라 잘츠부르크를 유럽 최고의 문화도시라고 단언하기를 머뭇거리겠지만, 알프스를 중심으로 원형圓形을 이루는 일련의 문화도시들의 한 축을 잘츠부르크가 담당하고 있음은 분명한 사실이다.

잘츠부르크에 가기 좋은 계절

페스티벌에 참석할 목적이라면 당연히 페스티벌 기간에 가야 할 것이다. 여름 페스티벌이 열리는 5주간이 잘츠부르크가 가장 생기 있는 시즌이다. 휴가를 가서 문을 닫는 식당도 없다. 그러나 물가는 가장 비싸다. 날씨에 관해서라면, 여름이라고 더위를 걱정할 필요는 없을 것이다. 잘츠부르크는 해발 400미터 고지대에 있어서, 온 유럽이 푹푹 찌는 여름철에도 비교적 시원하다. 몇 년 전까지만 해도 에어컨이 없는 호텔도 수두룩했다.

봄과 가을 날씨가 아주 좋다. 시내와 주변의 자연환경도 훌륭하다. 다만 겨울에는 추위를 각오해야 한다. 뼛속까지 한기가 스며들고 눈도 많이 온다. 물론 설경은 최고다. 겨울에 문을 닫는 중소 호텔도 적지 않다.

유럽 지도를 한번 보자. 알프스를 가운데에 두고 그 주위를 만만치 않은 도시들이 동그랗게 둘러싸고 있다. 바로 지금 유럽 문화 아니 세계 문화를 주도하는 문화도시들이다. 알프스 서쪽의 제네바부터 시작한다면, 베른, 바젤, 루체른, 취리히, 브레겐츠, 뮌헨, 잘츠부르크, 빈, 그라츠, 베네치아, 베로나, 밀라노, 토리노 등이 동그랗게 포진하고 있다.

이들 도시는 지금 음악, 오페라 같은 공연예술은 물론이고 미술, 건축, 문학, 출판 등의 분야에서 세계 최고 수준의 문화도시 집단을 형성한다. 이 도시들이 지금 세계 문화예술을 리드하고 있다고 해도 크게 틀린 말은 아닐 것이다. 흔히 말하는 산업이나 경제의 메트로폴리스가 아닌 새로운 '문화의 메트로폴리스'를 이루고 있다고 표현할 수 있다. 그런 알프스 환상선環狀線의 한 고리로서 잘츠부르크는 중요한 역할을 하고 있는 셈이다.

잘츠부르크를 찾는 이유

우리가 잘츠부르크를 찾는 데는 여러 가지 이유가 있을 것이다. 그것을 한번 살펴보자.

첫째로 이곳에서 열리는 페스티벌을 꼽지 않을 수 없다. 물론 굳이 페스티벌을 내세우지 않더라도 잘츠부르크는 여러 면에서 세계의 관광객들에게 매력적인 도시다. 하지만 지금 잘츠부르크는 분명 페스티벌의 도시다. 최근에 이곳은 스스로도 이 점을 부각하면서 관광도시로서 공고히 자리매김하려 한다. 실제로 원래 '잘츠부르크 페스티벌'은 여름에만 열렸지만, 이제는 겨울, 이른 봄, 늦은 봄 등 계절에 상관없이 열린다. 그리고 계절에 따라서 내용이나 형식이 다르고 다양한 프로그램을 1년

내내 라인업시키면서 의식적으로 '최고의 페스티벌 도시'라는 타이틀을 유지하려고 애쓰는 것처럼 보이는 것도 사실이다.

관광객들에게 잘츠부르크 하면 머릿속에 각인되다시피 한 두 번째 이유는 '모차르트의 고향'이라는 점이다. 오직 모차르트의 고향이라는 정보 하나만을 가지고 이곳을 찾는 사람도 있다. 그런데 잘츠부르크가 모차르트의 고향으로 알려져 있기는 하지만, 모차르트 외에도 잘츠부르크는 여러 예술가들의 향취를 만날 수 있는 곳이다.

잘츠부르크의 페스티벌들

잘츠부르크 페스티벌은 흔히 여름에 열리는 페스티벌을 일컫는다. 하지만 이곳에서는 그 밖에도 다양한 페스티벌이 열린다. 페스티벌이 열두 달 내내 열려 그야말로 페스티벌의 도시라고 부를 만하다. 중요한 것들은 다음과 같다.

1월 말~2월 초	모차르트 주간Mozartwoche – 고전음악
3월 말~4월 초	잘츠부르크 부활절 페스티벌Osterfestspiele Salzburg – 고전음악, 오페라
4월 말	아스펙테 페스티벌ASPEKTE Salzburg – 현대음악
5월 중	잘츠부르크 성령강림절 페스티벌Salzburger Festspiele Pfingsten – 고전음악
	잘츠부르크 둘트Salzburger Dult – 전통예술
5월 말	잘츠부르크 문학 페스티벌Literaturfest Salzburg – 문학
6월 초	좀머스체네Sommerszene – 무용, 연극 및 행위예술
7월 말~8월 말	잘츠부르크 페스티벌Salzburger Festspiele – 고전음악, 오페라, 연극 등
9월 말	루페르티키르탁Rupertikirtag – 민속예술
10월	잘츠부르크 문화의 날Salzburger Kulturtage – 고전음악
10월 중	재즈 앤드 더 시티Jazz & The City – 재즈
12월	잘츠부르크 대림절 페스티벌Salzburger Adventsingen – 크리스마스 음악
	잘츠부르크 겨울 페스티벌Winterfest Salzburg – 서커스

세 번째로 잘츠부르크는 유명한 영화 한 편 때문에 사람들이 매력을 느끼는 곳이기도 하다. 바로 1965년에 만들어진 미국 영화 『사운드 오브 뮤직』이다. 이 점은 분명 영화사에서도 그리 흔한 일이 아니다. 이 영화의 촬영지가 잘츠부르크와 그 일대여서, 이 영화 속에서 볼 수 있는 놀랍도록 아름다운 풍광들이 잘츠부르크를 널리 알리는 데 한몫했다. 지금도 잘츠부르크에 가면 '사운드 오브 뮤직'이라는 커다란 글씨를 옆구리에 붙인 관광버스를 타고, 줄리 앤드류스나 크리스토퍼 플러머가 없는 줄을 잘 알면서도 그들을 찾아서, 아니 그들과의 어린 시절 추억을 찾으러 떠나 온 사람들을 쉽게 만날 수 있다.

모차르트든 줄리 앤드류스든, 클래식 음악이든 할리우드 영화음악이든 잘츠부르크는 우리가 어린 시절에 가졌던, 하지만 지금은 잊어버린 아련한 꿈을 일깨워 주는 곳임에는 분명하다. 잘츠부르크는 꿈을 되살려 주는 도시가 되었다. 게다가 그곳이 그렇게 아름다운 풍경과 함께하고 있음에랴.

마지막으로, 잘츠부르크를 찾는 이유는 스포츠다. 아직까지 우리나라 사람들이 스포츠를 즐기기 위해 잘츠부르크를 찾는 경우는 흔치 않지만, 유럽 사람들은 잘츠부르크 하면 '스포츠의 도시'로 인식하는 경우가 많다. 실제로 잘츠부르크는 야외 스포츠 활동의 중심지다. 여름이면 주변의 잘츠캄머구트와 오스트리아 알프스로 들어가는 등산, 트래킹족과 자전거, 보트, 수영, 행글라이딩, 캠핑을 즐기려는 많은 관광객으로 발 디딜 틈 없이 붐빈다. 겨울에는 스키를 비롯한 여러 동계스포츠의 중심지가 되기도 한다.

이렇게 스포츠를 통해서도 알 수 있지만 여행지로서 잘츠부르크가 가지는 곁가지 강점이 있다. 이 도시뿐만 아니라 그 주변에 방문할 만한 매력적인 장소들이 많다는 점이다. 잘츠부르크가 이 일대의 중심 도시 역할을 하기 때문이다.

소금의 도시

잘츠부르크에 사람이 살기 시작한 것은 약 2,000년 전인 고대 로마 시대로, 보다 정확하게는 기원전 15년경이라고 알려져 있다. 바로 소금 때문이다. 과거 알프스의 깊은 내륙지방에서 소금은 아주 귀한 물건이 었는데, 이곳에서 질 좋은 암염巖鹽이 발견된 것이다.

그 후로 이곳은 소금의 도시로 알려졌고, 소금을 뜻하는 '잘츠Salz'에 성城이라는 의미의 '부르크Burg'가 합쳐져 지금의 이름을 갖게 되었다. 잘츠부르크는 이름에서부터 '소금의 성', '소금의 도시'였던 것이다. 그때부터 소금은 잘츠부르크의 경제와 문화의 중요한 기반이 되어 왔다.

잘츠부르크 시내에도 암염 광산의 흔적이 남아 있지만, 특히 잘츠부르크 교외인 잘츠캄머구트 지역에 대규모 암염 광산이 산재해 있다. 잘츠부르크는 소금 생산보다는 주변의 암염 광산에서 생산한 소금이 모였다가 다시 외부로 나가는, 소금 산업의 중간 집하장 내지는 심장 역할을 했다. 이렇게 소금에 기반한 잘츠부르크의 비중은 점점 커져 갔고, 결국 지역 대교구의 중심 도시가 되었다. 당시 잘츠부르크 대교구는 지금보다 훨씬 커서 한때는 독일 뮌헨 지역인 바이에른주까지 장악할 정도로 거대한 교구였다.

대주교의 도시

700년경 로마 시대에 관구가 처음 설치된 이후로, 잘츠부르크의 통치
자는 대주교였다. 다시 말해 유럽의 다른 도시들처럼 귀족이 다스리는
것이 아니라 오랫동안 대주교가 다스리는 천주교회 직할지역이었다.

기록을 보면 잘츠부르크 최초의 주교는 루페르트(재위 696~718)인데,
그는 이 지역의 첫 주교이자 수도원을 지어 첫 수도원장직을 수행했다.
그는 22년간 주교로서 이곳을 다스렸다. 그 후로 80여 명에 달하는 주
교 혹은 대주교가 지금까지 잘츠부르크 교구장의 전통을 잇고 있어(물론
지금은 더 이상 정치적 권력은 없지만), 잘츠부르크는 가톨릭에서 도도한 명맥과

함께 중요한 지위를 차지하는 교구의 하나인 것을 알 수 있다.

초대 주교 루페르트로부터 40년이 지나서 4대 주교 요하네스 1세(재위 739~745) 때인 740년에 잘츠부르크는 교구로 독립한다. 그리고 1100년 경에 황제가 임명하는 대주교가 되어, 잘츠부르크의 대주교는 교회의 지도자인 동시에 지역 영주와 같은 막강한 권력자의 지위에 오른다. 그리고 중세에 이르러 잘츠부르크의 교회 권력은 전성기를 맞는다.

잘츠부르크 재정의 원천이었던 소금은 잘츠부르크 대주교의 정치적 위상도 높여 주었다. 잘츠부르크에서 생산한 소금은 로마 교황청으로 직송되었으며, 한동안 로마의 교황은 이곳의 소금만 먹은 것으로 알려져 있다.

야사에 의하면 중세 교황청은 음모와 책략이 횡행하여, 교회의 수장일 뿐 아니라 정치가이기도 했던 교황은 늘 암살의 위험에 시달렸다고 한다. 특히 악명 높은 교황 알렉산드로 6세는 비소砒素를 사용해 많은 정적을 죽인 것으로 유명하다. 이렇듯 비소의 독성을 잘 아는 교황청은 비소 관리에 유달리 신경을 썼다. 비소는 입자가 가는 흰색 가루로 육안으로는 소금과 구분하기가 쉽지 않다. 식탁에 비소가 올라와도 그것을 소금으로 착각할 정도다. 그래서 비소 공포증 때문에 교황청에서는 믿을 수 있는 곳에서 생산한 소금만 사용할 수밖에 없었고, 그 대표적인 지역이 대주교가 관할하는 잘츠부르크였던 것이다. 잘츠부르크는 소금 전매로 엄청난 수익을 올렸을 뿐만 아니라, 이런 몇몇 이유로 그 위상도 높아져 갔다.

게다가 이렇게 경제적으로 막강한 힘을 행사하게 된 잘츠부르크가 로마에서 멀리 떨어진 곳에 있었다. 알프스 이남에서 군림하던 로마로부터 잘츠부르크는 알프스 너머 북방의 변두리 도시였다. 이렇게 교황의 명령과 간섭이 쉽게 미칠 수 없는 지역이라, 로마의 교황보다도 잘츠부르크 대주교가 더 좋고 편한 자리로 여겨질 정도였다. 한양의 임금의 위세가 닿지 않는 평안감사 자리를 빗댄 "평안감사도 저 싫으면 그만이다"는 옛말에 비유하자면 로마의 평안감사 자리가 바로 잘츠부르크 대주교라는 직책이었던 것이다. 그래서 잘츠부르크의 대주교는 교황이 신임하는 측근으로 임명할 수밖에 없었다.

그런 만큼 잘츠부르크에는 대주교와 관련된 유산이 많다. 대주교가 세운 궁전이나 정원은 지금도 입이 딱 벌어진다. 그중에서도 볼프 디트리히 폰 라이테나우 대주교(재위 1587~1612)는 지금 우리가 보고 있는 많은 건축물을 세운 주인공이다. 앞서 설명한 아름다운 잘츠부르크는 여러 대주교들에 의해서 건설되고 가꾸어진 셈이다.

잘츠부르크 페스티벌 Salzburger Festspiele

잘츠부르크 페스티벌은 세계적으로 유명한, 아마도 세계의 여러 예술제들 가운데에서도 가장 알려진 축제일 것이다. 게다가 가장 많은 볼거

잘츠부르크 페스티벌의 기간

잘츠부르크 여름 페스티벌은 통상 7월 26일 무렵에 시작하여 5주간 열리는 것으로 알려져 있었다. 그러나 최근 들어 개막 날짜가 조금씩 달라지는 경향이 있다. 대략 7월 20일 무렵 시작해 8월 말쯤 폐막한다고 보면 된다.

리를 제공하고, 내용도 충실하고 가장 많은 수익을 올리는 축제일 것이다. 하지만 몇 가지 오해도 있다.

첫째, 이 페스티벌이 모차르트를 기념하기 위한 것이거나 모차르트의 음악을 중심으로 공연한다는 오해다(심지어 세계적으로 유명한 여행 안내서에도 이렇게 적혀 있다). 모차르트가 잘츠부르크 출생이니 모차르트와 거리를 둘 필요는 없겠지만, 이 페스티벌은 모차르트에 국한돼 있지 않다. 실상은 그와 무관한 축제다.

둘째, 이것이 음악제, 즉 뮤직 페스티벌이라는 오해다. 잘츠부르크 페스티벌은 한마디로 종합예술제다. 그리고 이 축제의 근간이 되는 세 가지는 음악과 오페라, 연극이다. 삼부작三部作이라고 부를 만큼 이 세 장르는 축제를 지탱하는 세 기둥이다. 해마다 페스티벌의 개막을 연극으로 시작하게 되어 있고, 그중 「예더만」으로 시작하는 것이 창설 때부터의 관행이다.

「예더만」 공연 전의 길거리 퍼포먼스

‘예더만’은 영어로 ‘에브리맨’ 또는 ‘애니맨’이라는 뜻으로, 우리 말로는 ‘모든 사람’, ‘누구나’ 등으로 번역할 수 있다. 원작에는 ‘부자를 죽이는 놀이’라는 부제가 붙어 있다. 즉 「모든 사람, 부자를 죽이는 놀이」가 제목인 것이다. 전설적인 대본가 후고 폰 호프만슈탈이 쓴 오리지널 희곡 작품이다. 1911년 베를린에서 막스 라인하르트의 연출에 에른스트 스턴Ernst Stern의 무대미술로 「예더만」은 처음 선을 보였다.

그러나 이 연극이 유명해진 것은 잘츠부르크 페스티벌 덕분이다. 호프만슈탈과 라인하르트는 나중에 뜻을 합쳐서, 작곡가 리하르트 슈트라우스 등과 함께 잘츠부르크 페스티벌을 창설했는데, 첫 페스티벌 때부터 축제는 「예더만」의 공연으로 시작되었다.

대성당 앞 레지덴츠 광장에 설치한 가설무대에 레지덴츠 궁의 지붕 그늘이 무대를 가릴 때, 그 순간이 잘츠부르크 페스티벌이 시작하는 바로 그 시점이다. 그렇게 약 5주간의 화려하고 수준 높은 각종 공연의 잔치가 시작되는 것이다. 잘츠부르크 페스티벌의 프로그램은 매년 바뀐다. 그래서 사람들은 해마다 다음 해의 프로그램을 궁금해한다. 그러나 단 하나 바뀌지 않는 프로그램이 있다. 바로 「예더만」이다.

「예더만」은 어느 작은 도시에 살고 있는 젊은 부호의 이야기다. 세상 어느 도시든 상관없지만, 당신이 살고 있는 곳으로 생각하면 좋다. 특히 잘츠부르크에 왔다면 여기서 일어나는 일이라고 생각하자. 그래야만 잘츠부르크에서 벌어질 며칠의 여행이 더 의미 있게 될 것이다.

> "
> 잘츠부르크에서 하나의 공연만 본다면
> 「예더만」이다.
> "

혼자서 다 쓰기 벅찰 만큼의 돈이 있는 주인공의 이름이 예더만이다. 그는 효자여서, 늙은 홀어머니에게 잘하려고 노력한다. 하지만 길을 걷다가 멀리서 다가오는 어머니를 보면 자신도 모르게 방향을 튼다. 그런 의미에서 '모든 사람'은 우리 모두의 이중성을 상징한다고 할 수 있다. 그는 거대하고 아름다운 정원을 살 계획이다. 그것을 사랑하는 연인에게 선물할 생각에 들떠 있다. 그는 화려한 저택에 연인과 친구들을 불러 산해진미를 차린 파티를 즐긴다. 그는 연인과 친구들을 좋아하고, 물론 친구들도 그를 좋아한다. 결론적으로 그는 보통 사람이다. 우리와 별반 다르지 않다. 좀 다르다면 우리들 평균보다 돈이 훨씬 많다는 정도다.

그런 예더만에게 갑자기 죽음의 사자使者가 다가온다. 예더만은 당연히 어머니를 데리러 온 줄 알고 슬퍼하지만, 사자는 예더만을 원한다. 놀란 예더만이 "어머니가 먼저 아니야?"라고 반문하지만,

가는 데는 순서가 없다. 준비가 되지 않은 예더만은 당황한다. 두려워하며 친구들에게 "같이 가 줄 것"을 부탁한다. 그러나 친구들은 모두 도망간다. 사랑하는 연인도, 하인들도 달아난다. 이제 어떡할까? 참, 그에게는 그가 평생 사랑한 것이 있다. 그래, 그는 한 번도 그를 사랑하지 않은 적이 없다. 그것은 바로 돈이다. 그래서 그는 돈에게 "이렇게 너를 사랑한 나와 함께 죽으러 가자"고 부탁한다. 하지만 돈은 "당신이 나를 사랑한 건 맞지만, 당신과 동행할 수는 없다"며 거절한다. 아무도 예더만의 죽음까지 함께하지는 않는 것이다.

그때 예더만의 한 분신分身이 나타나서 "내가 너와 함께 신 앞까지 가 주겠다"고 한다. 예더만은 놀란다. 왜냐하면 예더만은 그 분신을 별로 챙기지 않았기 때문이다. 분신은 바로 선행善行이다. 그

2017 잘츠부르크 페스티벌 「예더만」 공연 모습

는 최근에 선행을 별로 챙기지 않아, 지금 선행은 기력이 다 떨어져 누워 지내야 할 지경이지만, 선행은 그와 함께 신 앞까지 가 주기로 한다.

「예더만」은 잘츠부르크의 정신을 대변하는 걸작인 만큼 최고의 배우들이 주역을 맡는다. 독일어권의 남자 배우로 잘츠부르크의 예더만을 맡는 것은 일생의 영광이다. 최초의 주역이었던 알렉산더 모이시부터 우리에게 잘 알려진 막시밀리안 셸, 클라우스 마리아 브란다우어, 헬무트 로너 등의 명배우들이 「예더만」의 주인공을 맡았다.

우리가 죽음 앞에 가져갈 수 있는 것은 돈이 아니다. 친구도 애인도 아니다. 내가 살아서 행했던 몇 가지 되지 않는 선행(그것을 쌓는 것을 적선積善이라고 한다)만이 나와 함께 신 앞에 가서 나를 변호하게 된다. 「예더만」은 특정 종교에 관한 얘기가 아니다. 종교를 뛰어넘어(기독교적인 분위기로 진행되기는 하지만), 삶의 철학을 얘기한다. 「예더만」의 서문에서 호프만슈탈은 이렇게 일갈한다.

우리 삶에서 우리는 많은 것을 우리 뜻대로 행하고 있다고 믿는다. 하지만 우리는 그것을 지배하지 못한다. 우리는 많은 것을 소유한다고 믿는다. 하지만 우리가 소유하고 있다고 믿는 그것이 오히려 우리를 소유하고 있다…….

「예더만」으로 잘츠부르크 페스티벌이 시작된다는 것은 어떤 의미일까? 가장 화려하고 사치스럽고 비싼 페스티벌이 물욕의 경계를 강조하는 「예더만」으로 개막을 알린다. 「예더만」을 모르는 사람은 잘츠부르크 페스티벌에 모이는 사람들의 화려한 성장盛裝과 고급 차량과 명사들의 얼굴을 보고서 페스티벌의 내용도 그럴 것이라고 오해할 수 있다. 잘츠부르크 페스티벌이 아무리 상업화되고 화려하다 해도 원래의 정신은 알고 있어야 할 것이다.

예술의 가치는 겉모양에 있는 것이 아니라, 세상을 향한 올바른 정신성에 있다. 그것을 잊지 말자고, 결코 잃지 말자고 그들은 100년 동안 한결같이 이 연극을 공연하고 있다.

누군가 나에게 "잘츠부르크에서 단 한 편의 공연만 본다면 무엇을 보는 게 좋을까요?"라고 물은 적이 있다. 나는 1초도 주저하지 않고 말했다. "「예더만」을 보세요. 오페라 하나, 콘서트 하나를 더 보는 것이 중요한 것이 아닙니다."

여기에 와서 준비 없이 아무 공연이나 본다면 도리어 나쁜 결과를 초래할 수도 있다. "나도 잘츠부르크에 가서 공연 하나 보았다"라는 것은 최악의 태도다. 잘츠부르크가 아직 갈 만한 가치가 있는 이유는, 금년에도 「예더만」으로 막을 올리기 때문이다. 이 거리에서 당신은 「예더만」의 이야기를 잊지 마시기 바란다. 우리는 모두 에브리맨, 예더만이다.

잘츠부르크 페스티벌의 특징적인 내용을 정리하자면, 음악과 연극을 통합한 장르라고 할 수 있는 오페라가 가장 강세이며 그 수준도 높은 편이다. 다음으로는 콘서트라고 할 수 있다. 콘서트 중에서는 빈 필하모닉 오케스트라를 중심으로 하는 대형 오케스트라가 연주하는 관현악 콘서트가 가장 압도적인 프로그램이며, 그 외에 실내악, 독주, 독창회 등도 있다.

이 세 장르 외에도 여러 예술 활동이 펼쳐진다. 즉 미술 전시와 강연, 워크숍, 연출가 육성 등 다양한 프로젝트가 전통적인 프로그램에 들어 있다.

잘츠부르크 페스티벌이 자리 잡기 이전, 잘츠부르크에서는 모차르트의 탄생지이기 때문에 출범했던 국제 모차르트 재단이 작은 축제를 기획해 1877년부터 불규칙하게 이런저런 형태로 개최되고 다시 사라지고 하는 형태가 반복되었다. 그러다 페스티벌이 지금과 같은 형태로 발족된 것은 제1차 세계대전이 끝나고 나서였다.

잘츠부르크 페스티벌의 티켓 구매

한때 잘츠부르크 페스티벌의 티켓을 구하는 일이 능력 내지는 권력처럼 여겨진 적도 있다. 하지만 최근에는 인터넷으로 거의 공개되는 실정이라, 어지간한 티켓은 인터넷으로 구매가 가능하다(그러나 솔직히 말해 전부는 아니다). 이전 연도의 11월 초부터 인터넷으로 프로그램을 공개하고, 그때부터 인터넷을 통해 사전예약을 시작한다. 사전예약 결과의 답변이 3월 말까지 온다. 그리고 3월 말부터는 인터넷을 통해 직접 좌석 선택과 티켓 구매가 가능하다.

www.salzburgerfestspiele.at

1918년 제1차 세계대전이 끝나자마자 축제를 기원하는 운동이 당시 오스트리아 예술계를 대표하는 젊은 지성인들에 의해서 구체화되었다. 이 중 시인이자 극작가인 후고 폰 호프만슈탈, 연출가 막스 라인하르트, 작곡가 리하르트 슈트라우스 등 세 사람이 잘츠부르크 페스티벌 아이디어를 내고 추진한 가장 중요한 인물이다. 그들 외에도 무대미술가 알프레트 롤러, 지휘자 프란츠 샬크와 클레멘스 크라우스 등이 힘을 보탰다. 그리하여 공식적으로 제1회 잘츠부르크 페스티벌이 1920년에 그 막을 올렸다.

잘츠부르크 페스티벌 로고

잘츠부르크에 가면 시내 곳곳에서 잘츠부르크 페스티벌의 로고를 볼 수 있다. 왼편에 늘어진 희고 붉은 두 가지 색 깃발은 잘츠부르크를 상징하는 깃발이며, 오른쪽의 가면은 연극으로 시작하는 페스티벌을 뜻한다. 아래에 호엔잘츠부르크 성이 그려져 있다. 100여 년 전 페스티벌이 시작할 때부터 쓰인 이 로고는 여전히 이곳 시민들의 자긍심이다.

공연 복장

잘츠부르크를 찾는 분들이 의외로 복장을 고민한다. 공연 때의 복장은 신경 쓰지 않을 수 없는 것이 사실이다. 유럽에서의 공연 때 복장은 크게 세 단계로 구분할 수 있는데, 용어는 모두 남자를 기준으로 하며 여성의 복장은 남성의 것에 따라서 결정된다.

첫째가 '화이트타이'로 정식 명칭은 '풀 드레스'다. 남성은 꼬리가 달린 상의 인 이른바 연미복에 흰 나비넥타이를 매고, 여성은 롱드레스를 입는다. 사실 요즘은 격식을 심하게 따지는 공식행사 외에는 잘 입지 않는 복장이다. 둘째 는 '블랙타이'인데 남성은 검정 나비넥타이를 맨 '턱시도'(유럽에서 쓰는 공식 명칭은 '스모킹'이다)를 입고, 여성은 롱드레스나 짧은 드레스를 입는 것이 일 반적이다. 다음은 '비즈니스 수트'인데, 원래 명칭은 약식 정장이다. 우리가 보통 입는 양복 정장에 해당한다. 이 경우 여성은 투피스 정장을 입는 것이 좋 으며, 하의는 바지여도 상관없다.

잘츠부르크 페스티벌에서는 저녁에 열리는 오페라의 경우 보편적으로 블랙 타이 차림으로 입는다. 하지만 낮 공연이나 저녁 공연이라도 오페라가 아닌 콘서트나 리사이틀의 경우는 굳이 블랙타이를 하지 않고 비즈니스 수트 정도 면 충분하다. 낮 공연에 블랙타이나 드레스를 입는 사람이 종종 있는데, 과한 복장일뿐더러 예의에도 어긋난다. 원칙적으로 턱시도는 저녁 예복이라는 점 을 알아 두자.

최근 잘츠부르크 복장은 점점 가벼워지는 경향이 뚜렷하다. 즉 블랙타이를 하지 않는 사람이 많아지고, 여성의 드레스 차림 복장도 눈에 띄게 감소하는 추세다. 하지만 그렇다고 해서 청바지나 캐주얼웨어를 입어도 된다는 것은 아니다. 정장을 하는 것이 연주자와 다른 관객들에 대한 예의다. 캐주얼웨어 나 심지어 스포츠웨어를 입는 것은 상식이 없는 행동이다. 관광객은 보통 편 한 신발을 신는데, 신발을 들고 와서 맡겨도 무방하니 남녀 모두 구두를 신는 것이 좋다.

호텔 슐로스 묀히슈타인

M32
현대미술관(MdM)

나가노

팡 에 뱅

비버 철공소

카르페 디엠

게트라이데가세

뤼링거
모차르

아트호텔   슈포러 호텔 골데너 히르슈
블라우에 간스

마이 홈 뮤직

세마장

대학교

잘츠부르크 대학

잘츠부르

대축제극장

축제극장

트리앙겔

자라스트로

루퍼티눔

하우스 퓌르 모차르트

펠젠라이트슐레

슈테판 츠바이크 센터

마카르트 다리

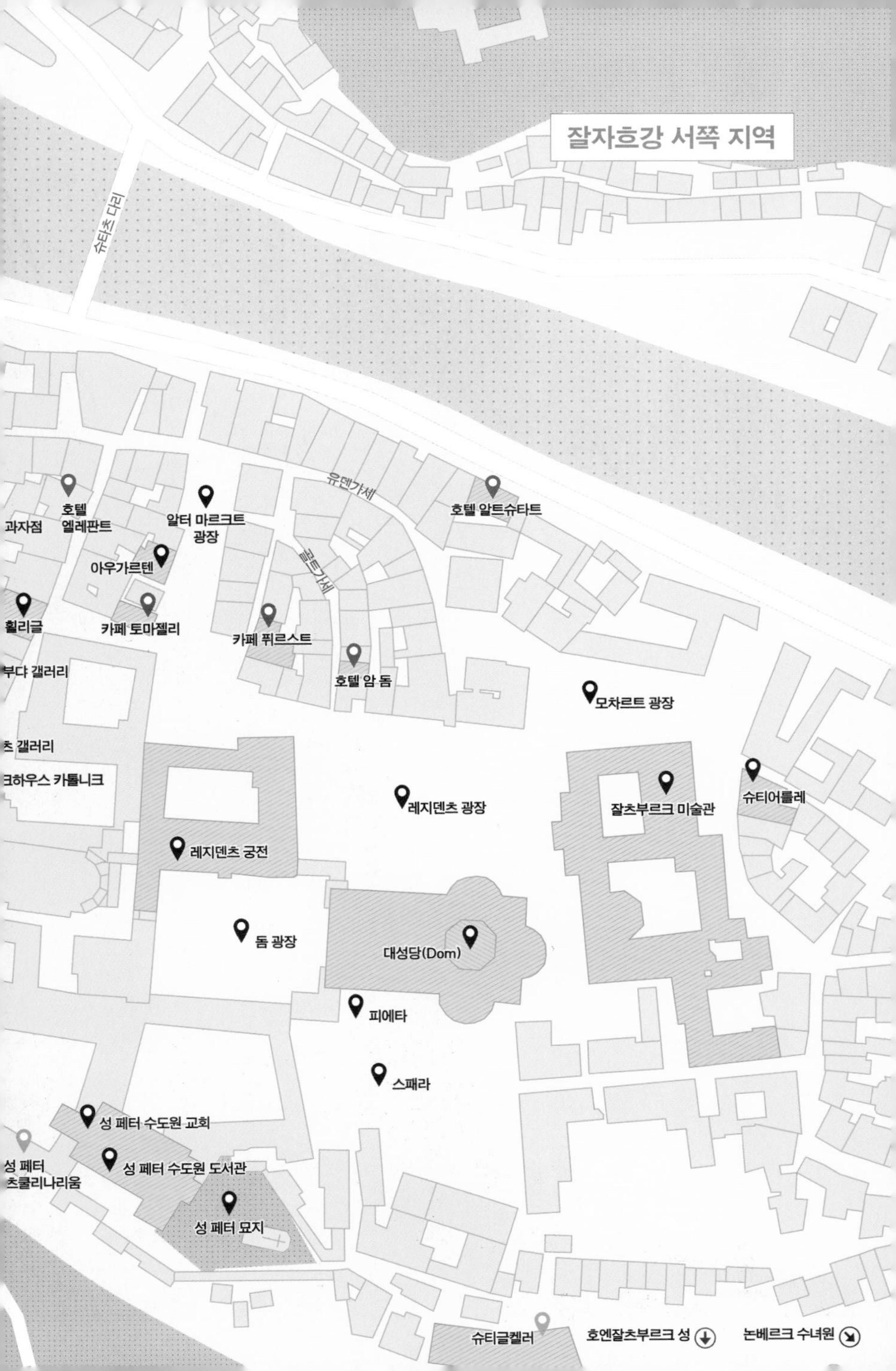

슈타츠 다리

과자점
호텔 엘레판트
아우가르텐
휠리글
부다 갤러리
초 갤러리
크하우스 카톨리크

알터 마르크트 광장
카페 토마젤리
카페 퓌르스트
호텔 암 돔

유덴가세

호텔 알트슈타트

모차르트 광장

레지덴츠 광장
레지덴츠 궁전

잘츠부르크 미술관
슈티어를레

돔 광장

대성당(Dom)

피에타

스패라

성 페터 수도원 교회
성 페터 초쿨리나리움
성 페터 수도원 도서관
성 페터 묘지

슈티글켈러   호엔잘츠부르크 성 ⊕   논베르크 수녀원 ⊛

잘자흐강 서쪽 지역 — 축제극장을 중심으로

축제극장 Festspielhaus

인구가 15만밖에 되지 않는 작은 도시에서 해마다 세계적으로 큰 페스티벌이 열린다는 것은 어쩌면 기형적인 모습일 수 있다. 게다가 페스티벌은 공식적으로 잘츠부르크 시내의 모든 장소에서 거의 동시다발적으로 열린다. 모차르트 탄생 250년을 기념하여 모차르트의 22개 모든 오페라를 한꺼번에 올렸던 2006년에는 많은 공연장이 동원되었으며, 그것으로도 모자라 임시 무대까지 만들어야 했다.

하지만 일반적으로 페스티벌이 공연되는 곳은 '페스티벌하우스', 즉 축제극장이라고 부르는 커다란 건물이다. 이것은 건물 한 채가 아니라, 페스티벌이 100년의 역사를 지나오면서 생긴 역사적인 건물군建物郡이다. 호프스탈 가세 1번지가 주소로 되어 있지만, 실제로는 길 전체를 차지하는 대형 건물군으로 헤르베르트 폰 카라얀 광장에서부터 막스 라인하르트 광장에 이른다. 이곳은 페스티벌의 심장이며 잘츠부르크의 정신이기도 하다. 잘츠부르크 여행을 이곳에서부터 시작하는 것도 의미가 있다.

이곳에 페스티벌의 본부 역할을 하는 사무실과 의상실, 무대 제작실 등이 있다. 그보다 더 중요한 것은 유명한 극장 세 개가 모두 이곳에 들어서 있다는 것이다. 극장의 이름은 몇 번 바뀌었지만 지금은 오래된 순서대로 펠젠라이트슐레, 대축제극장, 하우스 퓌르 모차르트다.

펠젠라이트슐레 Felsenreitschule

잘츠부르크 대성당 증축에 사용할 암석은 도시 뒤편의 묀히스베르크산에서 캐냈다. 대성당을 완성했을 무렵 채석했던 곳에는 큰 공간이 생기게 되었다. 그러자 잘츠부르크의 요한 에른스트 폰 툰 대주교(재위 1687~1709)가 그곳에 자신을 위한 승마장을 만들게 했다. 승마장은 1694년에 완성되었다.

승마를 구경하는 관객을 위해서 암석의 벽을 뚫어 아치로 이어진 아케이드를 만들었다. 아치는 모두 96개였다. 그 가운데의 넓은 공간에서 대주교가 승마 연습을 했는데, 이곳은 노천이었기 때문에 주로 여름에 애용했다. 펠젠라이트슐레라는 말은 '바위(펠젠) 승마(라이트) 학교(슐레)'라는 뜻으로, '여름승마학교'로도 부른다. 나중에 대주교가 해임되고 잘츠부르크가 세속화하면서, 이곳을 제국 기병대의 훈련 장소로 사용했다.

잘츠부르크 페스티벌에 필요한 공연장으로 이곳을 사용하자는 아이디어가 나왔고, 그 책임이 건축가 클레멘스 홀츠마이스터에게 주어졌다. 이곳을 둘러본 홀츠마이스터는 승마장의 무대와 객석을 반대로 활용하고자 했다. 그러면 관중이 앉던 아케이드 쪽이 자연스럽게 무대의 배경이 된다. 공연을 관람하는 관객은 극의 배경으로 아케이드의 아름다운 아치들을 바라보게 되는 것이다. 그의 구상은 신의 한 수였다.

펠젠라이트슐레

펠젠라이트슐레

새롭게 단장을 마친 펠젠라이트슐레에서 올린 첫 작품은 1926년 막
스 라인하르트가 연출한 카를로 골도니의 연극 「하인의 두 주인」이었
다. 처음에는 야외공연인 「예더만」의 우천 시 대안으로 생각했던 것이
지만, 점점 이 극장이 가진 독특함에 사람들은 주목하게 되었다. 특히
이곳은 연출가들에게 매혹적인 장소로 인식되었다. 라인하르트를 위시
한 건축가와 미술가들은 제약이 많은 장소임에도 불구하고 매력적인 바
위 공간을 무대미술로 활용한 여러 시도를 보여 주었다.

이렇게 초기에는 주로 연극에 이용되던 이곳을 오페라를 위해서 처
음 사용한 이는 헤르베르트 폰 카라얀(1908~1989)이다. 그는 1948년 글

루크의 오페라 『오르페오와 에우리디케』를 공연할 때 펠젠라이트슐레를 사용하고자 했다. 그 후 펠젠라이트슐레는 1970년에 당시 페스티벌의 감독이기도 했던 카라얀의 요청으로 홀츠마이스터에 의해 다시 한번 리모델링되었다. 그때 지금처럼 제법 넓고 쾌적한 1,412석의 좌석을 갖춘 공연장으로 재탄생했다. 카를 뵘이 지휘한 베토벤의 오페라 『피델리오』로 막을 올렸다.

당시만 해도 무대가 노천이라 공연할 때면 하늘이 보였다. 다만 가벼운 방수천을 써서 여닫을 수 있게 했는데, 겨울에 열어 놓지 않으면 천장에 쌓인 눈의 무게를 견딜 수 없기 때문이었다. 덕분에 천장이 열려 있는 겨울 무대 위에 눈이 덮인 광경은 한때 잘츠부르크의 대표적인 겨울 풍경이었다. 그때는 무대 위에 나무 한 그루도 살아 있었다. 나무는 공연 때 종종 무대미술의 일부로 활약했다. 그러나 몇 해 전에 이 나무는 그만 죽어 버렸고, 여닫던 방수포는 고정 천장으로 교체되었다.

펠젠라이트슐레는 영화 『사운드 오브 뮤직』에서 노래자랑대회 장소로 사용되었다(실제로 이곳에서 노래자랑대회가 열린 적은 없다). 이곳에서 「에델바이스」 등을 부른 폰 트라프 가족이 대회가 끝나기 전에 차를 타고 달아나는 것으로 나와, 영화 덕분에 널리 알려졌다.

막스 라인하르트
Max Reinhardt, 1873~1943

인물

잘츠부르크 축제극장 로비에 있는 유일한 연출가의 두상은 막스 라인하르트의 것이다. 그는 빈 부근 바덴의 유대인 가정에서 태어났다. 어려서부터 인형극이나 마당극에 정신을 빼앗겼던 그는 결국 배우가 되고자 하는 소망을 실현했다. 배우학교를 마치고 그가 첫 무대에 선 것은 잘츠부르크에서였다. 그러다 베를린 공연 중에 베를린 도이치 극장의 극장장인 오토 브람의 눈에 띈다.

"
연극을 닫힌 극장에서
민중의 광장으로 끌어내다.
"

브람의 지지로 30세에 배우에서 연출가의 길을 걷기 시작한 그는 고리키의 「밤 주막」과 셰익스피어의 「한여름 밤의 꿈」을 연출하여 성공을 거둔다. 그는 연극을 문학으로부터 더욱 독립시키고 배우와 관객을 하나로 만들고자 노력했다. 그의 연출은 천편일률적 무대를 벗어나서, 무대가 객석으로 튀어나오거나 객석 중간에 위치하기도 했다. 그는 원형무대나 회전무대도 계발하고, 극장이 아닌 장소에 무대를 설치하기도 했다. 그는 특히 기존 건축물을 잘 이용한 군중 장면에 뛰어난 재능을 보여 관객들이 고대 그리스극의 정신을 체험할 수 있게 했다. 그야말로 바그너적인 총체예술의 개념을 무대에서 구현한 셈이다.

라인하르트는 극장의 운영자나 설립자로서도 큰 족적을 남겼다. 그가 건립하거나 재건축한 극장만도 13개에 달하며, 빈의 요제프슈타트 극장, 베를린의 쿠담 코메디 극장, 베를린 도이치 극장을 차례로 인수했다. 특히 도이치 극장에서는 베르톨트 브레히트를 발탁하여 유명한 '베를린 앙상블'의 기초를 닦기도 했다. 그는 고대와 현대의 레퍼토리를 두루 공연했는데, 셰익스피어만 해도 연출작이 22개에 이른다. 이렇게 다양한 무대를 만들 수 있었던 것은 자신이 베를린에 클라이네스 테아터 운터 덴 린덴과 노이에스 테아터라는 두 개의 극장을 동시에 운영하고 있었기 때문이다.

라인하르트는 호프만슈탈을 만나서 「예더만」을 연출하고, 그와 함께 잘츠부르크 페스티벌을 창설했다. 처음부터 그는 「예더만」을 대성당 앞의 노천에서 공연할 것을 주장했다. 그리하여 그의 연극은 갇힌 극장을 나와서 민중의 광장에서 올리는 상징이 되었고, 라인하르트는 독일어권 연극계의 최고봉에 올라섰다.

하지만 히틀러가 집권하자 나치는 유대인이라는 이유로 라인하르트가 소유한 극장들을 강제로 양도받는다. 라인하르트는 분신과도 같은 극장을 모두 잃고 1937년에 미국으로 망명한다. 그는 뉴욕과 런던을 중심으로 활동을 재개하지만 크게 빛을 발하지 못했다. 그곳은 독일어권이 아니었으며 그는 적국인 독일의 언어로 연극을 하는 예술가였던 것이다. 그는 1943년에 뉴욕에서 서거했다.

대축제극장 Großes Festspielhaus

 제2차 세계대전 이후에 잘츠부르크 페스티벌이 명성을 되찾게 된 데는 헤르베르트 폰 카라얀의 공로가 컸다. 그는 1956년에 고향에서 열리는 잘츠부르크 페스티벌의 감독직을 수락함으로써 금의환향한다. 그는 지금처럼 작은 규모의 페스티벌홀을 가지고는 페스티벌이 발전할 수 없다고 판단했다. 카라얀은 페스티벌의 미래를 위해서 (또 어쩌면 자신을 위해서) 그리고 공연을 보러 올 많은 관객을 예상하면서 새로운 극장을 짓고

자 했다. 그리하여 홀츠마이스터에게 다시 부탁하여 새 극장을 설계하게 하였으니, 이것이 지금까지도 잘츠부르크 페스티벌의 메인홀이라고 할 수 있는 '대축제극장'이다.

1960년 카라얀의 지휘로 공연된 대축제극장의 첫 작품, 리하르트 슈트라우스의 오페라『장미의 기사』는 페스티벌의 제2의 탄생을 알렸다. 그리고 모차르트나 리하르트 슈트라우스의 오페라가 주종을 이루던 축제의 프로그램은 카라얀에 의해서 그때부터 베르디나 바그너처럼 다양

대축제극장

한 오페라로 외연을 넓혀 갔다.

이 극장은 개관 당시 세계에서 가장 큰 오페라 무대였다. 무대는 폭 100미터에 깊이 25미터였다. 즉 가로, 세로 각각 25미터짜리 무대 4개를 교대로 교체해서 운용할 수 있으며, 무대를 다 열었을 때는 좌우로 50미터의 무대가 생기는 엄청난 규모다. 그 위에 500킬로그램을 들 수 있는 견인 바 155개가 막을 비롯한 무대 세트를 유압식으로 올리거나 이동시킨다. 조명등만 2,000개고, 오케스트라 피트에는 연주가가 최대 110명까지 들어갈 수 있다. 더 큰 규모의 공연이라면 양쪽 무대 날개부에도 연주가가 앉을 수 있는, 가히 무한한 용량을 가진 극장이다.

객석은 2,179석인데, 좌석이 넓고 의자와 의자 사이도 여유가 있다. 객석 바닥은 비스듬하게 경사지고 객석 주변의 다른 공간도 꽤 넓다. 그런데도 이 홀은 음향이 좋기로 유명하다. 그렇다고 모든 자리에서 음향이 좋게 들리는 것은 아닌데, 사실 아주 뒤편이나 양측 그리고 2층의 일부는 좋지 않다. 그러나 이 정도 크기를 감안하면 세계에서 가장 좋은 음향을 보유한 극장이 아닐까 싶다.

대축제극장은 그 자체로 하나의 미술관이라고 할 만큼 좋은 미술작품들을 많이 보유하고 있다. 게다가 보통 축제 기간에는 로비에서 그 시즌의 주제에 맞는 그림이나 사진 전시회가 열리기도 한다. 이 작품들은 다른 박물관에서도 보기 어려운 것들이니 놓치지 말고 공연 전에 꼼꼼히 챙겨 보기 바란다.

대축제극장만 해도 반더 베르토니, 로버트 롱고, 아르노 레만, 루돌프 호플레너, 오스카 코코슈카, 볼프강 허터, 칼 플래트너, 하인츠 라인펠너 등의 조각, 회화, 태피스트리 등이 로비 곳곳에 흩어져 현대미술의 장관을 이룬다. 그중에서도 가장 눈길을 끄는 것은 오스트리아 화가 아르눌프 라이너가 그린 초대형 십자가 모양의 유화 네 점이다. 강렬한 색채와 거대한 크기의 감동을 느낄 수 있다.

처음 잘츠부르크 페스티벌에 가면 세계 각지에서 온 외국 사람들을 구경하느라 얼이 빠지거나 괜히 들떠서 본질을 놓치는 사람들이 있다. 어디까지나 공연을 보러 온 것이 아닌가. 분위기에 휩쓸려 돌아다니거나, 샴페인에 취하거나, 다른 사람과 수다 떠느라 정신을 빼앗기거나, 사진만 찍으러 돌아다니는 등의 행동은 어리석고 불쌍한 가짜 관객의 모습이다. 좋은 공연장에서 수준 높은 공연을 볼 기회에 참여한 만큼, 공연 자체에 집중하여 다시는 오기 어려운 좋은 공연의 순간을 감동의 기회로 만들기를 바란다. 축제의 성패는 관객 하기에 달렸다.

페스티벌하우스 백스테이지 투어

세계 최대의 규모와 최고급 시설을 자랑하는 잘츠부르크 페스티벌하우스의 구석구석을 볼 수 있는 가이드 투어가 있다. 가이드의 자세한 설명과 함께 페스티벌하우스 내의 각 극장과 로비를 둘러볼 수 있고, 무대 뒤편도 볼 수 있다. 운이 좋으면 연주가나 스태프들이 일하는 모습도 마주치게 된다. 매일 오후 2시부터 진행되는데, 독일어와 영어 가이드가 있으며 약 50분 정도 소요된다. 페스티벌하우스 숍에 문의하거나 홈페이지를 통해서 문의할 수 있다.

클레멘스 홀츠마이스터

Clemens Holzmeister, 1886~1983

인물

　　클레멘스 홀츠마이스터는 티롤 지방 출신으로 인스브루크에서 성장하여 빈 공과대학을 졸업했다. 그는 양차 대전 사이에 대표적인 오스트리아 건축가로 활동했으며, 1924년부터는 빈 미술 아카데미의 건축학 교수가 되었다.

　　그는 기념비적인 건물들을 설계했다. 그중에서 잘츠부르크와 밀접한 관계를 맺고 있는 것으로는 1926년 리노베이션을 담당한 잘츠부르크 페스티벌하우스의 소축제극장과 펠젠라이트슐레다. 그의 작품들을 보면 단순하면서도 무언가 근접할 수 없는 전통적인 무게감과 고귀함이 느껴진다. 장크트 안톤의 포스트 호텔, 바트 이슐의 스파하우스(지금의 유로테르메), 린츠 주립극장(지금의 샤우슈필하우스) 등이 대표적이다.

　　그런데 나치 정권이 들어서면서 그는 모든 자료와 저작물을 압수당한다. 하지만 다행스럽게도 터키 정부가 그를 초대해 1938년에 홀츠마이스터는 터키로 떠나, 앙카라에서 큰 성공을 거둔다. 터키 정부에서 발주한 많은 건물을 설계하게 되는데, 그중에는 국회의사당, 대법원, 국방부, 내무부, 중앙은행 등이 있다. 그는 1940년 이스탄불 공대 교수가 된다.

　　홀츠마이스터는 건축가로 알려져 있지만, 무대미술가이기도 했다. 1930년대부터 오페라 무대를 디자인하기 시작해, 라인하르트와 함께 잘츠부르크 페스티벌을 위한 '파우스트 시티'를 완성하고 무대미술가로 이름을 알린다. 이것은 기존의 펠젠라이트슐레에 만든 「파우스트」를 위한 무대 위의 도시였다.

"
가장 효율적이고
가장 멋진 무대를 세우다.
"

그는 1954년에 터키를 떠나 조국 빈으로 돌아와 무대미술작업을 재개하는데, 잘츠부르크 페스티벌에서『돈 조반니』를, 빈 국립오페라극장에서『피델리오』의 무대미술을 디자인했다. 이때 잘츠부르크 페스티벌의 감독으로 취임한 카라얀이 그에게 새로운 대축제극장의 설계를 부탁한다. 카라얀은 건축만이 아니라 무대예술까지도 아는 건축가에게 최고의 극장이자 효율적인 오페라 무대를 맡기고자 했던 것이다.

홀츠마이스터는 역사적인 잘츠부르크 대축제극장을 설계한다. 주어진 대지가 좁은 탓에 무대 뒤편은 산속에 동굴을 뚫고 안으로 들어갔으며, 무대는 좌우로 무려 50미터에 이른다. 당시로서는 세계에서 가장 크고 좋은 오페라공연장을 완성한 것이다. 지금 대축제극장의 로비 한가운데에는 카라얀과 홀츠마이스터의 동상이 나란히 서 있다. 홀츠마이스터는 자신의 작품인 페스티벌하우스에서 지척인 성 페터 교회 묘지에 잠들어 있다.

리하르트 슈트라우스
Richard Strauss, 1864~1949

인물

뮌헨 태생인 리하르트 슈트라우스의 아버지는 궁정 오케스트라의 호른 주자였다. 어린 리하르트는 교양이 넘치는 부르주아 가정에서 성장했다. 다만 아버지는 바그너나 리스트 같은 신독일 악파의 음악을 싫어했고, 모차르트, 베토벤 같은 고전파를 존경하는 보수적 취향이었다.

그는 네 살 때부터 피아노를 배웠으며, 여섯 살에 작곡을 시작했다. 아버지의 동료들에 의해 맞춤식 개인교습을 받았으며, 음악학교나 음악대학은 다닌 적이 없다. 일반 시민이 다니는 김나지움을 거쳐 음악원이 아닌 뮌헨 대학교에 진학했다. 대학에서도 그는 미학과 철학을 공부했다. 이때 쌓은 인문학적 교양은 나중에 그가 최고의 예술가가 되는 기반이 되었다.

그는 지휘자로 데뷔했다. 그에게 지휘는 가장 중요한 수입원이자 직업이었다. 역사적으로 작곡과 동시에 지휘를 한 사람은 많지만, 두 분야 모두에서 최고였던 사람은 슈트라우스를 첫손에 꼽을 수밖에 없을 것이다. 1919년에 그는 빈 국립 오페라극장의 음악감독에 취임하고, 호프만슈탈, 라인하르트와 함께 잘츠부르크 페스티벌을 설립한다.

슈트라우스는 스무 살 때부터 본격적으로 작곡을 시작하여, 교향시와 오페라 두 분야에서 탁월한 업적을 남겼다. 「돈 후안」, 「차라투스트라는 이렇게 말했다」, 「돈키호테」, 「영웅의 생애」, 「알프스 교향곡」은 교향시 역사상 불후의 명곡으로 남았다. 또한 그는 오페라에 지대한 관심을 보여 『살로메』, 『엘렉트라』, 『장미의 기사』, 『낙소스의 아리아드네』, 『그림자 없는 여인』, 『아라벨라』, 『카프리치오』 등 무수히 많은 창의적인 걸작 오페라를 남긴다. 이에 그치지 않고 슈트라우스는 수많은 가곡도 썼다.

슈트라우스는 1933년 나치 독일 제국의 음악국 총재로 추대된다. 그것은 그에게 씻을 수 없는 오점으로 기억된다. 제2차 세계대전이 끝나자 열린 재판에서 무죄로 결론은 났지만, 84세의 노대가는 이 일로 엄청난 고초를 치렀다. 1949년, 독일 고전음악의 마지막 계승자 슈트라우스는 자신의 작품처럼 장대하고 영웅적인 그러나 비난도 많았던 85년의 생애를 마감한다.

"
독일 고전음악의 유일무이한 마지막 계승자
"

나치 부역자라는 오명과 함께 시대의 흐름에 역행한 작곡가로 폄하되고 평가절하된 시기도 있었지만 그의 위상은 곧 복원되었다. 이제 그가 가장 뛰어난 지휘자였고 위대한 작곡가였으며 음악의 선구자였다는 사실은 당연하게 받아들여지고 있다. 그는 자신이 세운 잘츠부르크 페스티벌에서도 가장 애호되는 작곡가의 한 사람으로, 그의 오페라나 교향시가 연주되지 않은 해는 거의 없다.

잘츠부르크 페스티벌을 대표하는 오페라는 무엇일까? 대축제 극장을 완성했을 때 첫 작품으로 올린 것은 『장미의 기사』였으며, 잘츠부르크에서 역대 가장 인기 있었던 오페라도 『장미의 기사』였다. 오페라 역사상 최고의 작곡가-대본가 콤비였던 후고 폰 호프만슈탈의 대본에 리하르트 슈트라우스가 작곡한 6개의 작품 중에서도 첫손에 꼽을 명작이다.

"
우리 인생의 진리를 이야기하는
철학적인 작품
"

오스트리아 상류층은 결혼을 앞두고 신랑이 신부에게 은으로 된 장미를 보낸다. 그때 장미를 가지고 가는 기사를 '장미의 기사'라고 부른다. 장미의 기사는 은빛 갑옷을 입고 백마를 타고 신부에게 가서 '은장미'를 바친다. 참으로 멋진 전통이 아닌가? 그런데 안타깝게도 장미의 기사라는 풍습은 두 작가가 지어낸 것이다. 오페라 『장미의 기사』가 너무나 히트해서, 실재한 것처럼 느낄 뿐이다. 그들은 왜 있지도 않은 이야기를 지어내 지난 시절에 대한 그리움을 자극했던 것일까?

후작부인 마샬린은 옥타비안 백작이라는 미소년을 남몰래 애인으로 두고 있다. 마샬린은 그를 사랑하지만 이제 그를 놓아주어야 할 때가 왔음을 직감한다. 그때 친정 오빠인 오크스 남작이 조피라는 부르주아의 딸에게 늦장가를 들게 되었다며 장미의 기사를 추천해 달라고 부탁한다. 마샬린은 장난으로 옥타비안을 추천한다. 다음 장면에서 눈부신 외모의 옥타비안이 등장하여 조피에게 은 장미를 선사한다. 조피는 옥타비안에게 한눈에 반한다. 이어서 등장한 신랑 오크스는 무례하고 몰상식하다……. 옥타비안과 조피, 두 젊은이는 일순 사랑에 빠지고 우여곡절 끝에 두 사람은 결혼하게 된다. 그러나 두 사람이 맺어지기 위해서는 마샬린의 양보(물론 오크스도)가 선행되어야 한다. 마샬린은 두 젊은이의 미래를 위해서 스스로 물러난다…….

이 이야기에서 옥타비안과 조피는 밝아 오는 20세기를, 마샬린은 오스트리아 제국으로 대표되는 구시대의 전통을 상징한다. 지난 시대는 호사스럽고 멋졌지만, 이제 과거는 저물고 오스트리아는 민주국가라는 새 시대를 눈앞에 두고 있다. 기득권을 누리던 자가 그것을 스스로 내려놓는다는 것은 쉽지 않다. 하지만 때가 온 것을 직감한 마샬린은 애인을 놓아준다. 새로운 시대나 새로운 인생의 시작을 위해서는 과거의 양보와 옛사람의 포기가 전제되어야만 한다. 인생도 연애도 가정도 정치도 역사도 다 그러하다. 『장미의 기사』는 우리네 인생의 진리를 이야기하는 철학적인 작품이다.

하우스 퓌르 모차르트 Haus für Mozart

지금 운용되고 있는 페스티벌하우스 안의 공연장 세 곳 중에서 가장 최근에 만들어진 것이 '하우스 퓌르 모차르트'다. '모차르트를 위한 집' 이니 '모차르트의 집'으로 번역해도 될 것이다. 2006년에 개관한 곳이 지만 이곳의 장소만큼은 역사가 길다.

원래 대주교의 승마학교 마구간이 있던 곳에 작은 공연장을 만들 었는데 페스티벌 초창기인 1925년에 '페스티벌홀'이라는 이름을 처 음 붙였다. 그러다가 카라얀에 의해 새로운 대축제극장이 생기자, 대축 제극장과 구별하기 위해서 이름을 '고古축제극장Altes Festspielhaus'으로 바 꾸었고, 1963년부터 다시 대축제극장과 대응하게 '소小축제극장Kleines Festspielhaus'으로 바꾸어 불렀다.

소축제극장은 원래 이곳이 가진 대지의 한계 때문에 좋은 공연장을 만들기 어려운 조건이었다. 극장의 객석은 좁고 긴 박스 형태로, 뒤에 앉은 관객은 무대를 보기가 불편하고, 수용 인원도 한계가 있었다. 이 극 장은 대축제극장에 비해 시야도 나쁘고 음향도 좋지 않은, 작고 인기 없 는 극장이 되었다. 그리하여 2004년에 극장은 폐쇄되었다. 그리고 2년 간의 공사를 거쳐 모차르트 탄생 250년을 기념하는 2006년에 '하우스 퓌르 모차르트'라는 이름으로 재탄생한 것이다.

처음부터 축제극장의 건축과 개조를 맡았던 건축가 홀츠마이스터가 서거하였으므로, 소축제극장의 재건축은 그의 정신을 잇는 제자 빌헬 름 홀츠바우어Wilhelm Holzbauer가 맡게 되었다. 홀츠바우어는 대지의 공간 적 제약을 줄이기 위해 원래 있던 무대와 객석의 위치를 맞바꾸는 등 고 심 끝에 새로운 극장을 탄생시켰다. 열악한 위치에서 여섯 번째 재건한

SALZBURGER FESTSPIELE

Edgard Varèse
Kontinent

SALZBURGER FESTSPIELE

Jürgen Gosch
Die Möwe

SALZBURGER FESTSPIELE

Luigi Nono
Al gran sole
carico d'amore

하우스 퓌르 모차르트

극장이었다.

지금의 하우스 퓌르 모차르트는 이전보다는 많이 좋아졌지만, 여전히 무대는 너무 높고 객석은 길다. 객석의 앞자리는 올려다보아야 하기 때문에 감상이 불편하고, 위층의 측면은 시야가 좋지 않는 등 문제가 여전히 존재한다. 좌석은 1,495석이다.

하지만 대축제극장의 규모가 너무나 큰 탓에, 규모가 작은 바로크 오페라나 앙상블이 절대적으로 중요한 모차르트의 오페라 혹은 리사이틀 같은 소규모 공연은 대축제극장보다 하우스 퓌르 모차르트가 유리하여 여전히 많이 이용하고 있다. 좋은 자리에서라면 집중도는 대축제극장보다 더 높을 수 있다.

하우스 퓌르 모차르트

하우스 퓌르 모차르트의 로비도 요제프 젠츠마이어 등의 디자인으로 완전히 바뀌었다. 로비의 큰 벽에는 크리스털로 된 모차르트상이 있는데, 티롤주의 유명한 크리스털 기업인 스와로브스키가 기증한 것이다.

이 극장의 개관 때는 오스트리아가 낳은 모차르트 전문가 니콜라우스 아르농쿠르의 지휘로 『피가로의 결혼』이 상연되어 지금도 명연으로 기억되고 있다. 이곳의 로비는 펠젠라이트슐레의 로비와 통하게 되어 있어서, 공연 중간에 왕래가 가능하다. 이 두 공연장 사이를 잇는 방이 '카를 뵘 잘'이다.

카를 뵘 잘 Karl Böhm Saal

카를 뵘 잘은 1662년에 구이도발트 폰 툰 대주교(재위 1654~1668)에 의해서 겨울승마학교로 지어진 방이다. 나중에 요한 에른스트 폰 툰 대주교에 의해 보다 완전한 모습으로 개축되었다. 더 나중에 완성한 천장이 없는 펠젠라이트슐레가 '여름승마학교'라면, 천장이 있는 이곳은 겨울철에 주로 이용해 '겨울승마학교'로 불린다.

지금 우리가 보고 있는 모습은 1926년에 펠젠라이트슐레를 재건할 당시에 건축가 클레멘스 홀츠마이스터에 의해서 함께 개조된 형태다. 길이가 무려 50미터나 되는 긴 방의 한쪽 벽면은 잘츠부르크 시내의 석벽이 되는 묀스베르크산의 바위벽을 그대로 노출하고 있다. 그러나 천장에는 600제곱미터에 이르는 처음 건설 때의 모습 그대로의 그림이 그려져 있는데, 이것은 오스트리아 전국에서 가장 큰 프레스코화다. 1690년 잘츠부르크의 궁정화가 요한 미카엘 로트마이어와 제자 크리스토프 데러바쉬가 그린 것이다. 프레스코화는 1976년에 두 번째 보수를 거쳐 상태가 좋다.

카를 뵘 잘 입구에는 클레멘스 홀츠마이스터의 흉상이 있고, 홀의 벽에는 외르크 임멘도르프 같은 현대미술가들의 태피스트리가 걸려 있다. 1970년에 홀츠마이스터가 카를 뵘 잘을 다시 한번 보수하는데, 이때 북쪽에 나무 발코니와 거대한 계단 두 개를 추가로 제작했다. 이것은 작은 연주회나 리셉션 등의 행사에서 유용하게 쓰인다.

지금 카를 뵘 잘의 가장 큰 용도는 공연 중간에 관객들이 쉬거나 음료수를 마실 수 있는 공간으로 이용되는 것이다. 이곳은 완전히 독립된 공간이면서도 펠젠라이트슐레로 들어가는 전실前室의 역할을 한다. 또한 하우스 퓌르 모차르트와도 이어져서, 사실상 두 극장의 로비 역할을 동시에 해내고 있다.

홀의 이름 '카를 뵘 잘'은 1979년 잘츠부르크 의회에서 결정한 것으로, 카를 뵘은 오스트리아 출신의 지휘자다. 그는 1938년에 잘츠부르크 페스티벌로 데뷔한 이래 축제극장에서 총 338회 지휘한 기록을 가지고 있다.

카를 뵘 잘

카를 뵘

Karl Böhm, 1894~1981

인물

카를 뵘은 지금으로부터 한 세대 전인 1970년대에 레코드 가게에서 가장 많이 만나는 지휘자였다. 베토벤 교향곡 전집이나 모차르트 교향곡 전집을 사려면, 카라얀 판과 뵘 판을 두고 고민할 정도로 뵘은 카라얀과 어깨를 나란히 하는 지휘자였다. 하지만 최근에는 최고의 명반인 바그너의 『니벨룽의 반지』나 베르디의 『돈 카를로스』조차도 찾기 어렵게 되어, 뵘이라는 이름은 우리의 기억 저편으로 져 버린 해처럼 사라졌다.

그런 뵘이 잘츠부르크를 방문하면 되살아난다. 내 경우에도 그것은 가슴 떨리는 경험이었다. 요즘 지휘자들에게만 정신을 빼앗겨 있던 나는 잊었던 은인을 마주친 듯이 뒤통수가 멍해졌다. 잘츠부르크 페스티벌하우스에 있는 동상들 중에서 페스티벌의 설립이나 운영에 참여하지 않았던 순수한 지휘자는 뵘이 유일하다. 게다가 가장 화려한 중앙홀의 이름도 '카를 뵘 잘'이다.

뵘은 오스트리아 그라츠 출신으로 어려서부터 좋은 환경에서 여러 분야의 음악을 공부했다. 하지만 변호사였던 아버지의 바람대로 법학을 전공하고 박사학위까지 받았다. 그는 우연히 주어진 기회에 지휘를 해 높은 평가를 얻는다. 그렇게 지휘자의 길을 걷게 된 그는 결국 전설로 남았다. 그는 뮌헨의 바이에른 국립오페라

극장의 제4지휘자라는 작은 자리에 취임하게 되는데, 이때 브루노 발터의 가르침으로 결정적인 음악세계를 이루게 된다. 1943년부터 빈 국립 오페라의 음악감독으로 활약한다.

그는 발터의 영향으로 모차르트와 바그너의 전문가가 되었으며, 나중에 다시 리하르트 슈트라우스를 만나서 슈트라우스 음악에도 일가견을 가지게 된다. 그 외에 베토벤, 브람스, 브루크너 등에 뛰어났다. 1981년에 잘츠부르크에서 서거했다.

" 예술가의 정치적 결함은 용서받을 수 있는가? "

카라얀은 뵘의 85회 생일에 "그는 보통 음악가의 경지를 넘어선, 가장 자연스럽게 음악이 우러나는 지휘자"라는 찬사를 보냈다. 그러나 뵘은 나치 시절의 친나치 행적으로 비난을 받기도 했다. 2015년 잘츠부르크 페스티벌 측은 그가 "제3제국으로부터 부당하게 이득을 얻은 사람이며 자신의 출세를 위해 체제를 이용했다"고 공식 인정하고, 카를 뵘 잘의 이름을 지우는 대신 그런 내용을 명시한 명판을 부착할 것이라고 발표했다. 즉 잘츠부르크 페스티벌은 뵘을 "위대한 예술가였지만, 정치적으로 치명적인 결함이 있었다."라고 공식화한 것이다.

카를 뵘 잘에게서 우리는 예술가는 다만 한 사람의 악사樂士가 아니라, 시대적 소명을 알고 사회적 양심을 가진 사람이기도 해야 한다는 교훈을 얻는다.

후고 폰 호프만슈탈

Hugo von Hofmannsthal, 1874~1929

인물

후고 폰 호프만슈탈은 유대인과 이탈리아인의 혈통으로 빈에서 태어났다. 아버지는 은행장으로 그는 유럽 상류층의 고급 교육의 수혜를 입었다. 교양 넘치는 아버지, 할머니, 그리고 여러 가정교사들로부터 고대 그리스 문학을 필두로 많은 유럽의 언어를 습득했다. 어려서부터 근대 프랑스 문학에 경도되었으며, 10대에 세계 고전문학을 원서로 독파했다. 그는 대학에 입학도 하기 전부터 완성된 사고와 언어의 형식미를 갖추었고, 인생의 예지를 간파하는 노숙한 극작劇作을 시도했다. 츠바이크가 말했듯이 "그의 등장은 세계문학 사상 하나의 기적이었다."라고 할 수 있다.

호프만슈탈은 20대에 천재적인 연극연출가 막스 라인하르트를 만나서 그의 예술세계에 극적인 변환을 맞는다. 즉 그는 문학이 아닌 무대예술의 가치를 알게 되고 그때까지 해 오던 모든 창작 작업을 멈춘다. 대신에 오직 희곡 극작에만 몰두한다. 그러다가 다시 작곡가 리하르트 슈트라우스를 만나 감화되고, 그 후로 관심은 오페라로 넘어가서 오페라 대본을 쓰게 된다. 그는 1909년에 『엘렉트라』를 시작으로, 『장미의 기사』, 『낙소스의 아리아드네』, 『그림자 없는 여인』, 『이집트의 헬레나』, 『아라벨라』 등 6개의 오페라를 슈트라우스와 함께 쓰게 된다. 이 비할 데 없는 6개의 걸작 오페라로 호프만슈탈과 슈트라우스는 오페라 역사상 가장 중요한 대본가 – 작곡가 콤비로 이름을 남기게 된다.

이렇듯 최고의 지성을 갖춘 호프만슈탈이었지만, 그가 살았던 오스트리아는 쇠락을 거듭하고 있었고, 그는 어려서 추구했던 정신의 세계가 인간의 탐욕에 의해 몰락하는 과정을 지켜보면서 늙어 가야 했다. 그러나 1918년 제1차 세계대전이 끝나자 그는 좌절하지 않고 여기서 새로운 문화사회의 건설에 참여하리라고 생각하고 라인하르트, 슈트라우스와 의기투합해 잘츠부르크 페스티벌을 창설한다. 무너져 가는 제국의 세 예술가가 의기투합한 산물이 잘츠부르크 페스티벌인 것이다.

> "
> 그의 등장은 세계문학 사상
> 하나의 기적이었다.
> "

이런 문학 사상 또 오페라 사상 대천재였던 호프만슈탈의 사생활은 행복했을까? 그의 큰아들 프란츠는 자신을 늘 천재 아버지와 비교하여 자신은 자질도 없고 심지어 생계를 영위할 능력조차 없다고 좌절했다. 결국 프란츠는 이 문제를 극복하지 못하고 비관하여 자살하고 만다. 사랑하는 아들의 자살 소식을 들은 호프만슈탈의 슬픔은 말할 수 없었다. 그는 아들의 장례식 날 아침 식장으로 출발하기 직전 예복을 입은 채로 서재에서 쓰러져, 안타깝게 55세의 삶을 비극으로 마감하고 만다.

세마장 Pferdeschwemme

　예로부터 말을 많이 부리는 지역에서는 작업이 끝나면 말을 강이나 호수의 적당한 곳으로 데려가 씻기는 것이 일과였다. 차츰 말 씻기는 장소를 요즘의 세차장처럼 짓기 시작했는데, 이것을 세마장洗馬場이라고 부른다. 원래는 말에게 물을 먹이는 곳이라는 뜻이었지만, 사실은 말을 씻기는 것이 더 중요한 목적이었다. 그리고 바로크 시대의 장식적 유행이 절정을 이루면서 세마장의 건축도 발달하게 된다.

　잘츠부르크에는 세마장이 두 곳 있는데 그중 하나가 유럽의 세마장 중에서도 유명하다. 잘츠부르크의 페스티벌하우스 옆, 즉 헤르베르트 폰 카라얀 광장 11번지에 있는 세마장은 대표적인 바로크 양식 세마장이다.

세마장

세마장 뒤에는 대주교가 아끼던 말 그림들이 병풍처럼 드리워져 있다. 대주교가 소유한 말은 최대 130필을 헤아렸다고 한다. 자세히 보면 말들의 색이나 풍모가 예사롭지 않다. 요즘으로 치면 자동차를 좋아하는 권력자가 애장하는 자동차들을 세차장 벽에 나란히 그려 놓은 것이다. 말하자면, 왼쪽부터 부가티, 페라리, 람보르기니……. 종교가 권력이 되어 부패하면 어디까지 갈 수 있는지, 우리는 매일 그 앞을 지나면서 바라본다.

트리앙겔Triangel 🍴

잘츠부르크 페스티벌을 소개하는 DVD를 보면, 페스티벌이 열리는 여름 동안 관광객들이 아직 아침의 게으름 속에 빠져 있을 때, 도시가 그날의 공연을 위하여 일찍 깨어나는 장면을 소개한다. 가장 먼저 청소부들이 쓰레기통을 치우고 길에 물을 뿌린다. 페스티벌하우스의 직원들과 공연의 스태프들은 이른 아침부터 출근해 회의에 열중한다.

그때 등장하는 식당이 트리앙겔이다. 이곳은 페스티벌하우스 건너편에 위치하여, 페스티벌하우스에서 가장 가까운 식당이다. 그러므로 이곳은 많은 예술가들이 짧은 틈에 급하게 와서 간단히 먹고 재빨리 돌아가는 곳으로 유명하다. 페스티벌의 구내식당 같은 곳이다. 우리식으로 표현하자면 대놓고 밥을 먹는 함바집 같은 곳인 셈이다. 그러므로 축제 기간에는 이곳에서 많은 예술가들을 볼 수 있다. 항상 북적이는 사람들 틈을 비집고 들어가 주문하려면, 옆에 서 있는 사람이 다니엘 바렌보임이고 맥주잔을 들고 뒤로 돌다가 부딪혀서 인사를 하다 보면 마우리치오 폴리니다……. 뭐 꼭 그런 것은 아니지만, 그런 분위기라고 생각해 두자.

이곳의 음식은 뛰어난 편이다. 특히 모든 요리를 근교의 농장에서 생산한 최고 품질의 유기농 식재료만 사용해 만든다고 한다. 제대로 된 식사는 물론, 편하게 간단히 먹기에도 좋은 곳이다.

여름 페스티벌 기간에는 식당 앞에 차양을 치고 야외 테이블을 운영하는데, 이곳에 앉아 페스티벌하우스를 바라보면서 오고 가는 이들을 살피며 식사를 하는 것은 축제 기간만의 특별한 경험이다. 많은 사람들이 영어식으로 '트라이앵글'이라고 부르지만, 원래 이름은 독일어식으로 '트리앙겔'이다.

트리앙겔

루돌프 부댜 갤러리 Rudolf Budja Galerie

페스티벌하우스 끝의 막스 라인하르트 광장에서 대학 광장 쪽으로 가는 좁은 길이 빈 필하모니커가세다. 이곳에 흥미로운 가게들이 줄지어 서 있는데, 그중에 '루돌프 부댜 갤러리'라고 적힌 곳이 눈에 띌 것이다. 이곳은 빈에 본사를 둔 갤러리로, 그라츠에도 있으니 오스트리아에만 갤러리가 세 개인 셈이다. 또 미국의 마이애미에도 갤러리가 있고 최근에는 뉴욕에도 전시공간을 열었다.

잘츠부르크에서 화상畵商으로 일하던 루돌프 부댜는 팝 아트 계열의 젊은 예술가들에게 초점을 맞추어서 2002년에 갤러리를 열었다. 키스 헤링, 데미안 허스트, 로이 리히텐슈타인, 앤디 워홀 등 널리 알려진 대가들부터 아직 알려지지 않은 오스트리아 젊은 화가들의 작품까지 망라한다. 관광객들을 위하여 그다지 비싸지 않은 사진이나 프린트 등도 취급한다.

벨츠 갤러리 Galerie Welz

잘츠부르크에서 우아한 거리의 하나인 지그문트 하프너가세에 세련된 갤러리가 있는데, 이곳이 '프리드리히 벨츠 갤러리'다. 굳이 그림을 사지 않더라도 시내를 걷다가 잠깐 걸음을 멈추고 들어가 수준 높은 그림을 감상하면서 잠시 쉴 수 있는 곳이다.

이 갤러리는 120년 역사를 가진 전통 있는 건물로 미술에 관심이 있는 사람들은 종종 시내 최고의 장소로 손꼽기도 한다. 잘츠부르크의 대표적인 현대미술관인 MdM의 전신인 루퍼티눔에서 이 도시의 첫 현대미술관을 연 컬렉터이자 화상인 프리드리히 벨츠(1903~1980)가 1932년에 문을 연 개인 갤러리다.

이 갤러리는 국제적인 화가와 오스트리아 화가를 함께 다루는데, 그림 역시 고전적인 것과 현대적인 것을 함께 취급한다. 특히 오스트리아 현대 화가들을 돕는 데 주력하고 있다. 클림트의 유명한 「초록 속의 소녀」나 코코슈카의 여러 그림들도 한때 이 갤러리에 있었다고 한다. 또한 오랫동안 고객들에게 믿을 만한 전문적인 조언을 해 온 것으로 유명하다. 이곳은 자체 출판사를 두어 화집 등을 직접 제작하고 있다.

잘츠부르크 잘츠 Salzburg Salz

빈 필하모니커가세를 지나다 보면 '잘츠부르크 잘츠'라고 적힌 가게를 발견하게 된다. 창가에 잔뜩 쌓아 놓은 것은 돌이 아니라 소금이다. 잘츠부르크는 소금으로 발전한 도시이며, 과거에 이 도시의 경제는 소금으로 이루어졌다고 앞서 말했다. 이곳에서는 소금을 '화이트 골드'라고도 불렀다.

그런 암염을 구할 수 있는 곳이 시내에 의외로 흔치 않은데, 적당한 곳이 바로 이 가게다. 사실 지금은 이 지역에서 생산하는 소금양이 그리 많지 않지만, 기념으로 조금 구입하는 것도 좋을 것이다. 먹는 소금의 종류도 다양하고, 먹지 않는 소금을 이용한 목욕, 미용 제품도 있다.

호텔 슐로스 뫼히슈타인 Hotel Schloss Mönchstein

잘츠부르크 시내에 있는 고급 호텔 슐로스 뫼히슈타인은 시내에서는 보이지 않는다. 뫼히스베르크산의 정상 부근에 위치해 있기 때문이다. 그동안 이 호텔은 외부인에게 차단되다시피 했지만, 최근에 뫼히스베르크 위에 MdM, 즉 현대미술관이 들어선 뒤로 찾는 사람이 많아지면서 호텔에 대한 관심도 높아지고 있다. 시내에서 MdM으로 올라가는 엘리베이터를 타면 쉽게 갈 수 있다.

이 호텔은 객실이 24개에 불과하다. 게다가 럭셔리한 스타일이라기보다는 한적한 고급주택 같은 분위기로, 전통적인 건물과 현대적인 인테리어가 조화를 이루고 있다. 게다가 높은 곳에 있는 만큼 구시가를 내려다보는 전망이 아주 좋다. 주변의 대지는 1만 4천 제곱미터로 상당히 넓어서 주위의 많은 나무를 계절별로 즐길 수 있다. 아침저녁으로 산 위에서부터 시작하는 숲길 트래킹이 가능한데, 여기서 츠바이크 센터까지 쉽게 걸어갈 수 있고, 더 가면 논베르크 수녀원까지도 닿을 수 있다.

이 호텔은 식당 '슐로스 묀히슈타인'으로도 유명하다. 이곳 테라스에서 먹는 저녁은 잘츠부르크의 도심이 내려다보이는 하늘 위 숲속에서의 식사인 셈이다. 음식은 오스트리아 전통을 바탕으로 현대적인 스타일을 가미했다.

현대미술관(MdM) Museum der Moderne Salzburg

잘츠부르크 시내를 가로지르는 잘자흐강 건너편 동안東岸이나 잘자흐강 다리 위에 서서 구도심을 바라보면 중세로 돌아간 듯한 아름다운 스카이라인 뒤로 거대한 돌산이 병풍처럼 뒤를 가로막고 서 있다. 그 돌산 묀히스베르크의 오른편 맨 위에 범상치 않은 현대적 건축물이 하나 눈에 들어온다. 바로크 스타일이나 고전주의풍의 스카이라인 일색인 고색창연한 고도古都에서 미니멀리즘으로 설계한 현대적 콘크리트 건물은 분명 그 존재의 아름다움에 눈길이 가기보다는 먼저 의아함을 자아

내게 한다.

이것은 MdM으로, 정식 이름은 '잘츠부르크 현대미술관'이다. 산의 자태를 해치지 않으려는 듯 얌전하게 옆으로 길게 누운 모양을 하고 있다. 이 건물은 특히 바로 옆에 서 있는 고색창연한 탑(1892년에 지어진 수조탑水槽塔이다)과 어울려서, 잘츠부르크 풍경에 새로운 매력을 더하고 있다.

MdM은 시내 한복판에서 엘리베이터를 타면 바로 다다를 수 있다(물론 차로도 갈 수 있다). MdM이 서 있는 언덕 아래편까지 걸어가면 'MdM'이라는 빨간색 글씨의 간판이 보이고 바위 속에 묀히스베르크 엘리베이터가 있다. 이 엘리베이터가 MdM 건물 안으로 이어진다. 엘리베이터실室로 들어가면, 전실前室에 과거 잘츠부르크 전경을 담은 커다란 벽화 두 개가 마주 보고 있다. 묀히스베르크 엘리베이터는 1890년에 처음 만들어진 것으로, 지금은 완전히 현대적으로 탈바꿈했다.

엘리베이터에서 내리면 바로 앞에 잘츠부르크의 전경이 그야말로 파노라마처럼 펼쳐진다. 잘츠부르크 전체에서 가장 경치가 좋은 위치가 분명하다. 왼편으로는 잘자흐강과 강 너머 건물이 보이고 가운데에 대성당을 중심으로 탑의 무리가 그림엽서처럼 예쁘다. 그리고 오른쪽 산 밑에 거대한 건물이 앉아 있으니 바로 페스티벌하우스다. 그리고 그 풍경들 뒤로 동화 속 그림처럼 산 위에 호엔잘츠부르크 성이 서 있다. 호엔잘츠부르크 성에서 내려다보는 풍경도 유명하지만, 나는 이곳이 더 좋다. 호엔잘츠부르크 성에서는 호엔잘츠부르크가 보이지 않지만, 여기서는 보이기 때문이다. 이곳에서의 전망은 낮뿐만 아니라 아침이나 저녁에도 아름답다. 특히 석양의 붉은빛을 받는 지붕들이나 등불이 켜지기 시작할 때의 도시는 무척이나 아름답다. 이곳에 올라서서 한눈에 들어오는 도시를 보고 있노라면, '나는 지금 잘츠부르크에 있구나!' 하는 느낌이 구름처럼 밀려온다.

프리드리히와 호프, 츠빙크가 함께 설계한 이 건물은 옆으로 누운 성냥갑 형태를 하고 있다. 2004년에 지어진 MdM은 잘츠부르크에서 가장 큰 미술관이자 가장 현대적인 건물로, 잘츠부르크의 예술 수준을 총체적으로 대변한다. 전시장은 3층에 이르는 넓은 공간을 자랑한다. 이곳에서는 보통 소장품전과 기획전으로 나뉘어서, 서너 개의 전시가 한꺼번에 열린다.

그중에서도 세기말을 중심으로 한 오스트리아 미술품과 사진을 많이 소장하고 있다. 특히 오스카 코코슈카의 작품이 많아서, 그를 좋아하

현대미술관

는 사람이라면 놓칠 수 없는 곳이다. 여름 페스티벌 기간에 열리는 전시는 페스티벌 공연의 주제와 관련된 것으로, 음악을 미술로 나타낸 작품이거나, 혹은 음악가와 관련 있는 작품, 혹은 세기말 즉 잘츠부르크 페스티벌 태동기의 미술처럼 흥미로운 주제가 등장한다. 그러므로 공연과 연관시켜 전시를 즐긴다면, 진정으로 입체적인 예술을 경험하는 시간이 될 것이다.

M32

이곳의 안과 밖의 테라스는 테이블로 가득한데, 바로 미술관 식당인 M32이다. 안쪽 식당의 천장에는 마치 녹용 도매상처럼 사슴뿔이 잔뜩 매달려 있다. 잘츠부르크에서 공부한 이탈리아 출신 디자이너 마테오 툰은 인테리어의 모티프를 과거 잘츠부르크의 사냥꾼 집에서 가져왔다.

M32

붉은색과 초록색이 주조를 이루는데, 붉은색은 '카디날 레드'로 대주교를, 초록색은 잘츠부르크의 숲을 상징한다.

이 식당은 인테리어와 전망 면에서 잘츠부르크의 식당들 중에서도 거의 수위급이지만, 음식의 품질 또한 뛰어나서 잘츠부르크에 왔다면 한번쯤은 들러 볼 만한 곳이다. 이 지역에서 상당히 유명한 요리사 제프 쉘로른의 음식 솜씨가 뛰어나다. 잘츠부르크 전통 음식들도 좋지만, 이탈리아나 프랑스 음식을 바탕으로 한 것들도 훌륭하다.

루퍼티눔 Rupertinum

축제극장을 바라보고 그 앞에 서면, 맨 왼쪽 끝에 있는 작은 광장이 막스 라인하르트 광장이다. 이 광장을 사이에 두고 페스티벌하우스와 대각선으로 마주 보는 건너편 건물이 '루퍼티눔'이다. 얼핏 평범한 건물 같지만 자세히 보면 건물 외벽의 중간중간에 금색과 은색의 물고기 비늘 같은 것들이 반짝이고 있다. 금 함량이 높은지 햇빛이 비칠 때마다 굉장히 반짝여서 자칫 묻힐 뻔했던 건물의 존재감을 말 그대로 '빛내고' 있다. 이 장식물은 오스트리아 화가이자 건축가인 프리덴스라이히 훈데르트바서(1928~2000)의 작품으로 나중에 설치한 것인데, 이곳이 현대미술관임을 몸으로 말하고 있다. 건물 이름은 잘츠부르크 최초의 주교였던 루페르트의 이름을 딴 것이다.

1653년부터 도심 한쪽에 자리 잡고 있던 이 건물이 미술관으로 변신한 것은 1983년이다. 하지만 이야기의 시작은 더 과거로 거슬러 올라간다. 잘츠부르크의 유명한 화상 프리드리히 벨츠는 열정적인 미술품 수

집가였다. 그는 클림트나 실레 등 오스트리아 분리파 화가들의 작품에 전문성을 보였는데, 특히 코코슈카와 친분이 깊어서 코코슈카의 작품을 가장 많이 소장한 사람에 속하기도 했다.

벨츠는 1953년에 코코슈카와 함께 잘츠부르크 페스티벌 기간 중에 '여름 미술 아카데미'를 만드는데, 이것이 '시각 학교School of Seeing'로, 나중에는 '여름 국제 건축 아카데미'로 발전한다. 벨츠의 이런 여름학교들은 국적, 성별, 연령, 교육 정도의 제한 없이 참가자를 받아 교육했고, 이 활동은 음악, 연극, 오페라에 집중된 잘츠부르크 페스티벌에 미술과 건축 분야를 이식하는 계기가 되었다.

1976년에 벨츠는 자신의 소장품 가운데 코코슈카의 작품을 포함한 상당수를 잘츠부르크 지방정부에 기증했다. 이것을 바탕으로 '벨츠 재단'이 만들어졌는데, 당시 사제들과 공무원들의 교육기관으로 쓰고 있던 루퍼티눔 건물을 시로부터 인계받아 미술관으로 만들게 된다. 그리하여 1977년에 '현대 갤러리와 그래픽 컬렉션 루퍼티눔Modern Gallery and Graphic Collection Rupertinum'이라는 이름으로 개관한다. 벨츠는 3년 후인 1980년에 사망했다.

이후 1983년에 이곳은 '잘츠부르크 현대미술과 그래픽 컬렉션 박물관Salzburg Museum of Modern Art and Graphic Collection'으로 이름을 바꾸고, 회화와 조각은 물론이고 특히 그래픽 아트와 사진 전시를 강화했다. 그러다가 2004년에 루퍼티눔에서 바로 올려다보이는 묀히스베르크 언덕 위, 당시에는 '오스트리아 카지노'가 있던 자리에 카지노를 허물고 새로운 현대미술관을 건립하는데, 그것이 앞서 설명한 MdM이다. 그때부터 MdM이라는 기관 아래 두 개의 미술관이 함께 운영된다.

안에는 자라스트로Sarastro라는 식당이 있다. 음식도 괜찮으며, 위치가 좋아서 편리하다. 테라스에도 앉을 수 있다.

루퍼티눔

오스카 코코슈카
Oskar Kokoschka, 1886~1980

인물

오스카 코코슈카는 빈 부근의 작은 마을 푀흐라른에서 프라하 출신 은세공사의 아들로 태어났다. 수공업이 몰락하던 시대에 집안이 힘들어져 어렵게 미술 공부를 했다. 클림트가 다녔던 빈의 장식미술학교를 나와 클림트의 분리파에 가담했고, 초상화를 그리며 생계를 이었다. 그러나 더 이상 인정받지 못하자 1910년에 베를린으로 근거지를 옮긴다. 베를린에서 그는 헤르바르트 발덴과 함께 미술잡지《데어 슈투름》을 발행한다.

> "
> 잘츠부르크 구석구석에서
> 그의 그림들이 보인다.
> "

코코슈카의 초상화는 인간 영혼의 어두움을 그려 낸 것으로 유명하다. 당시 유럽은 새로운 가치관을 정립하기 위한 진통 속에 있었으며, 그가 활약한 빈, 베를린, 드레스덴 등은 두 번의 세계대전을 겪은 격랑의 중심이었다. 그런 곳에서 코코슈카는 초상화에서 인간 내면의 갈등과 불안을 찾으려 했다.

1912년에 코코슈카는 개인적으로 큰 사건과 마주친다. 알마 말러와의 만남이다. 알마는 작곡가 구스타프 말러의 미망인이자 건축가 발터 그로피우스의 연인으로, 여러 분야의 인물들에게 영향을 미친 여성이다. 그런 알마와의 열정적인 사랑은 코코슈카의 작품에 많은 영감을 불어넣었다. 그녀와의 만남을 계기로 「코코슈카와 알마 말러」를 비롯하여 「알마 말러」나 「바람의 신부」(다른 제목 「폭풍우」) 같은 명작을 낳았다. 하지만 이어진 알마와의 이별은 코코슈카에게 고통스러운 후유증을 남겼다.

제1차 세계대전이 터지자 코코슈카는 기병에 지원하여 참전했으나 부상을 입고 제대한다. 그는 다시 빈으로 돌아와 작업에 몰두하지만, 나치가 대두하자 아버지의 고향인 프라하로 이주한다. 그곳에서 코코슈카는 올다 팔코프스카와 결혼한다. 그제야 코코슈카는 알마의 그늘에서 벗어나 비로소 안정을 찾는다. 프라하 시절 코코슈카는 나치에 저항하는 활동을 했고, 나치 정부는 그의 작품을 '퇴폐미술'의 목록에 올려 활동을 금지했다. 그리하여 코코슈카는 영국으로 망명한다. 전쟁이 끝나자 코코슈카는 정치와 전쟁을 고발하는 작품에 주력한다. 그는 전쟁으로 피폐해진 유럽에 참담해하면서 "내가 돌아가고 싶어 했던 세상, 행복한 방랑자로 떠돌던 유럽은 더 이상 존재하지 않는다."라고 한탄했다.

그러면서도 코코슈카는 1953년부터 10여 년 동안 매년 잘츠부르크 페스티벌 기간에 프리드리히 벨츠와 함께 '여름 미술 아카데미'를 열어 '시각 학교' 등에서 열정적인 강의를 펼쳤다. 그래서 그의 많은 작품이 잘츠부르크에 남아 있다. 그는 노년을 스위스 레만호의 발뇌브에서 지내다가, 1980년에 세상을 떠났다.

게트라이데가세 Getreidegasse

잘츠부르크 구시가로 나섰을 때 가장 많이 방문하게 되는 거리이자, 굳이 가려고 하지 않아도 두어 번 지날 수밖에 없는 거리가 게트라이데 가세다. '그레인 레인Grain Lane', 즉 '곡물 도로'라는 거리명은 과거 이곳에 양곡 상점이나 창고가 있었음을 알려 준다. 그런 곡물 거리가 이제는 잘 츠부르크에서 가장 번잡한 쇼핑가가 되었다.

거리에 들어서면 아주 인상적인 풍경이 펼쳐진다. 거리 위편, 즉 하늘을 거의 다 가리다시피 하면서 붙어 있는 간판들이다. 유럽의 다른 도시에서 볼 수 있는 어떤 것들보다도 크고 화려하고 수도 많은 것이 특징이다. 이 간판들 대부분이 어떤 형상을 하고 있다. 그것들은 가게가 무엇을 취급하는 상점인지를 쉽게 알리기 위한 것이다. 모자 가게는 모자가, 구두 가게는 구두가 그려져 있고, 우산 가게에는 우산 모양이 걸려 있는 식이다. 약국에는 약을 빻을 때 쓰는 절구통과 절구 공이가, 빵집에는 빵을 들고 가는 사람이 걸려 있다. 그것들은 크기가 상당하여 양편의 간판들이 서로 거의 닿을 정도다. 얇은 철판으로 된 철간판들은 이제 잘츠 부르크의 상징이 되었다. 원래 이 간판들은 수공업자들의 길드하우스에서 자기 업종을 상징하기 위한 목적으로 도안되었던 것이다. 옛날에는 문맹이 많아서 그림으로 업종을 알리기 위해 이런 간판을 제작했던 것이다.

이 골목에는 유서 깊은 집들이 많아 찬찬히 관찰하면서 걸어 볼 만하다. 약 400미터 거리의 양편에 늘어선 수십 개의 가게들은 유서 깊은 가게부터 관광객을 상대로 최근에 생긴 가게까지 옥석이 뒤섞여 있다. 게

트라이데가세는 중세 이후로 귀족이나 관료 특히 대주교청과 관련이 있는 관리들이 선호했던 주거 지역이다. 안타깝게도 이 거리에서 전통 있는 가게들이 사라지고 있다. 당국은 게트라이데가세의 가치를 지키기 위해 다양한 노력을 기울이지만, 전통적인 간판에 버젓이 미국 패스트푸드 이름이 박히고 다국적 SPA브랜드의 로고가 걸리는 것을 막을 도리는 없는 것 같다.

반면 게트라이데가세에서 수직으로 뻗어 나온 좁은 골목인 '파사주'들은 아직도 과거의 향취를 지니고 있는 가게들이 많으니 파사주 안으로 꼭 들어가 보기를 권한다. 이 잘츠부르크의 파사주는 어쩌면 게트라이데가세보다 매력적이며 잘츠부르크를 더 잘 보여 주는 골목들이다. 그 안에는 크리스마스 장식품 가게, 다양한 보석이나 금붙이 등을 파는 액세서리 가게, 아직도 명절이면 시민들이 입고 나오는 오스트리아 전통 의상 가게, 잘츠부르크에서만 볼 수 있는 전통 과자 가게 등이 있고, 갤러리도 몇 개 있다.

비버 철공소 Schlosserei Wieber

게트라이데가세의 철간판들을 만드는 곳도 같은 동네에 있으니, 바로 크리스티안 비버 철공소다. 1415년에 시작해 600년이 넘은 곳인데, 게트라이데가세에서는 잘 보이지 않는 골목 안쪽에 있다. 과거에는 이런 가게가 더 있었겠지만 지금은 한 개만 남아 있는데, 이곳에서 여전히 간판을 만들고 있다. 예전에 알던 어떤 가게가 맥도날드로 바뀌는 것을 목격한 적이 있다. 황당하고 섭섭한 경험이었다. 어느 날 가운데에 커다란 M자가 들어간 간판으로 교체하더니, 몇 년이 지난 이제는 마치 100년 전부터 그 자리에 있었던 것처럼 시치미를 뚝 떼고 서 있다. 그 간판 역시 이곳에서 제작한 것이다.

이 제작소의 이름은 '쉴로세라이 비버'인데, 직역하자면 비버 철공소 또는 비버 철물 제작소쯤 된다. 이 가게가 가치 있는 것은 여전히 전통 수공 기법으로 간판을 제작한다는 점 때문이다. 안을 들여다보면 작업 공구들과 제작 중인 작품들을 구경할 수 있다. 이 작은 곳에서 잘츠부르크의 유명한 간판 거리가 탄생했다고 상상하면 어쩌면 흥분될 것이다. 이곳에서 간판뿐만 아니라 철판으로 된 묘의 철장식이나 난간, 철문, 램프용 장식, 자물쇠나 열쇠, 그 외 여러 부엌 용품도 생산한다. 이런 가게가 존재하기 때문에 잘츠부르크가 계속 옛 모습을 유지할 수 있는 것이다.

© Tourismus Salzburg GmbH / Breitegger G.

비버 철공소

모차르트 생가 Mozarts Geburtshaus

게트라이데가세를 걷다 보면 사람들이 많아서 줄을 서다시피 지나다 닐 때가 종종 있다. 그런데 많은 사람들이 더 이상 움직이지 않고 모여서 사진을 찍는 곳이 있다. 바로 9번지, 모차르트의 생가다. 노란색 6층 건물에 '모차르트가 태어난 집'이라고 마치 상호처럼 쓰여 있다.

잘츠부르크 대주교의 궁정음악가였던 레오폴트 모차르트(1719~1787)는 1747년에 결혼하고 이 건물의 4층을 빌렸다. 부부는 이곳에서 일곱 아이를 낳고 1773년까지 살았다. 우리의 모차르트, 즉 볼프강 아마데우스 모차르트는 1756년에 이곳에서 일곱 번째 아이로 태어났다. 안타깝게도 이 집에서 태어난 일곱 아이 중에서 살아남은 아이는 단둘이었는데, 모차르트와 그의 누나 마리아 안나(흔히 난네를이라는 별명으로 불린다)다.

12세기에 지어진 낡은 집은 지금은 일종의 박물관 역할을 하지만, 박물관이라고 하기에는 좀 미흡하다. 하지만 이곳의 주요 전시물들은 실제 모차르트의 어린 시절과 관련 있는 것들이다. 방문객은 그의 가족이 살던 4층으로 먼저 올라갔다 내려오면서 둘러보게끔 동선이 짜여 있다. 4층에는 모차르트의 장난감, 악기, 초상화 같은 것들이 전시되어 있다. 3층에는 모차르트의 클라비코드와 그의 오페라(특히 『마술피리』에 관한)에 관한 전시들이 있다. 2층에는 모차르트 시대의 가구들이 전시되어 있다.

© Stiftung Mozarteum / W. Lienbacher

모차르트 생가

볼프강 아마데우스 모차르트
Wolfgang Amadeus Mozart, 1756~1791

인물

모차르트를 모르는 사람은 없을 것이다. 그런데 모차르트의 어떤 점이 그토록 위대한 것일까? 하늘이 내린 재주를 받은 신동이었다는 점이 위인의 요건이 될 수 있을까? 출판사로부터 어린이를 대상으로 모차르트의 전기를 써 보라는 제안을 받은 적이 있다. 생각해 보았다. 아이들에게 모차르트는 어떤 표상이 될 수 있을까? 천재는커녕 체르니를 치는 것도 힘들고 수학 문제도 어려운 아이들에게 타고난 천재의 전기가 대체 어떤 감동을 줄 수 있을까?

"
타고난 천재가 위인이 될 수 있는
이유는 무엇일까?
"

아버지 레오폴트 모차르트는 대주교 궁정의 악장이었는데, 아들을 유명한 음악가로 키워 보려는 야심이 강했다. 모차르트의 천재성은 아버지에 의해서 계발되고 체계화되었다. 모차르트는 페달에 발이 닿지도 않은 다섯 살 나이에 유럽의 왕족과 귀족들 앞에서 연주해야 했고, 어린 아들과 딸을 데리고 유랑극단처럼 온 유럽을 도는 아버지에게 돈을 안겨 주었다.

모차르트는 점점 성장해 갔다. 더 이상 사람들을 놀라게 하던 아이가 아니었을 때, 그가 위인으로 남을 수 있었던 이유는 무엇이었을까? 신동은 거장으로 바뀌는 과정을 아주 철저하고 빈틈없는 노력으로 준비했던 것이다. 모차르트는 연주여행을 다니면서 들었던 다양한 음악을 전부 흡수하고 소화했다. 특히 그는 이탈리아 오페라의 양식을 완전히 체득하여 이탈리아 작곡가들의 독무대였던 빈 음악계에서 처음으로 오스트리아 사람에 의한 이탈리아 오페라를 만들었다. 그것은 위대한 업적이었다. 그리고 모차르트는 독일 민중극인 '징슈필Singspiel'에 주목하여, 이 장르를 오페라급 수준으로 올려놓았다. 『후궁 탈출』이나 『마술피리』 같은 것들이다. 이것은 그의 더욱 위대한 업적이다.

잘츠부르크로 돌아온 모차르트는 열아홉 살 나이에 대주교 궁정악장이 되었지만, 권위적인 대주교 궁전과 좁은 잘츠부르크에서 숨을 쉴 수가 없었다. 그는 결국 고향을 버리고 대도시 빈으로 간다. 신동이 아닌 거장 작곡가로서 그는 성숙한 창의성을 발휘한다. 안정된 잘츠부르크를 떠나서 아무것도 보장되지 않은 빈에서 아무도 간 적 없는 길을 간 선구자, 이것은 그의 가장 위대한 점이다.

빈에서 모차르트는 죽기 전 5년 동안 믿을 수 없는 경지로 자신의 창작 수준을 높여 놓았으며 병들고 가난한 환경 속에서도 불굴의 의지로 명작의 생산을 이어갔다. 이 시기에 작곡한 작품들이 오페라 『피가로의 결혼』, 『돈 조반니』, 『마술피리』 등이며, 만년에 작곡한 교향곡들과 피아노 협주곡 등은 최고 수준에 이른다. 그는 서른다섯이라는 안타까운 나이에 빈곤과 질병 속에서 숨을 거둔다.

카르페 디엠 Carpe Diem Finest Fingerfood

유명한 음료 회사인 '레드불'의 디트리히 마테쉬츠 회장이 설립한 식당으로 시내 한복판에 있다. 게트라이데가세의 끝인 50번지에 있는 이곳은 '카르페 디엠 파이니스트 핑거푸드'라는 이름처럼 손으로 집어 먹는 핑거푸드를 잘츠부르크 최초로 선보여 히트한 곳이다. 유명한 셰프인 외르크 베르터가 처음 선보인 음식은 와플 과자로 만든 콘 위에 올라간 작은 음식들이었다. 음식의 질도 뛰어나다. 저녁시간에는 번잡하고 시끄러울 수 있으며 조명이 어둡다. 1층과 지하는 주로 바로 이용되며 2층은 식사를 위한 공간이다.

슈포러 Sporer

술집을 소개하는 것은 이 책의 취지에 맞지 않아 보이지만, 슈포러는 110년도 더 된 유서 깊은 노포老鋪로 생각하면 좋을 것이다. 설립자 프란츠 슈포러는 슈티글 맥주 양조장에서 7년간 근무한 뒤에 '증류주와 차를 팔고 마실 수 있는 가게'를 열어도 좋다는 허가를 받는다. 그는 1903년에 슈포러를 설립하여 이곳을 잘츠부르크에서 업계 최고의 명소로 만든다.

게트라이데가세에 있는 이곳은 직접 만든 술과 다른 곳에서 만든 주류를 모두 취급한다. 특히 고객이 보는 앞에서 직접 만들어 주는 이곳만의 주종은 인기가 높다. 테이블은 두 개뿐이지만, 시설과 시스템 모두가 애주가들을 놀라고 기쁘게 할 것이다. 지금은 설립자의 손자인 페터 슈포러가 3대째 주인을 맡고 있다.

호텔 골데너 히르슈 Hotel Goldener Hirsch

게트라이데가세 37번지에 역사와 전통을 자랑하는 잘츠부르크 스타일의 전통 호텔 '호텔 골데너 히르슈'가 있다. 이름 그대로 '황금사슴'이라는 뜻으로 간판에도 사슴이 그려져 있으니 우리말로 '금록장金鹿莊' 정도 될까? 1596년에 이미 숙박업을 했다는 기록이 있는데, 그때부터 치면 400년이 넘는 셈이다.

도시의 숙박업이 발전한 것은 페스티벌과 함께다. 1920년 페스티벌이 시작되자 여름철만 되면 관광객들이 폭발적으로 늘어나기 시작했다. 그 후로 매년 여름마다 평균 4만 명이 방문했으니, 작은 도시에서 방삯은 부르는 것이 값이었다. 이에 주인은 호텔의 모든 방을 최고급으로 개·보수했다. 방마다 비더마이어풍의 가구를 넣고 화장실을 만들고 전화기를 설치했다. 그리하여 골데너 히르슈는 고급 호텔의 반열에 이름을 올렸다.

제2차 세계대전이 끝난 후 호텔은 다시 대보수를 거쳐, 페스티벌 기간에 최고의 호텔 자리를 전략적으로 노리기 시작했다. 이 호텔의 인테리어는 일부러 잘츠부르크의 시골 스타일을 지향했다. 사람들은 잘츠부르크 시내 한복판에서 마치 티롤의 시골집에 있는 듯한 안락한 기분을 보

호텔 골데너 히르슈

장받게 되었는데, 그 정신은 지금까지도 이어지고 있다. 즉 일부러 럭셔리하거나 사치스러운 장식을 지양하고 티롤 스타일을 추구한다. 방은 69개에 불과한데, 1976년에 골데너 히르슈를 빈의 임페리얼 호텔이 매입하여 함께 운영하고 있다.

이 호텔의 가장 큰 장점은 위치다. 페스티벌하우스에서 걸어서 1분이 채 되지 않는 곳에 있어, 오페라 공연의 막간에 잠깐 나와 자기 방의 화장실을 이용하고, 물을 마시고 돌아와도 충분한 거리다. 이것은 골데너 히르슈의 투숙객만이 누리는 최고의 사치이자 권력이다.

이 호텔은 오랫동안 잘츠부르크의 대표 호텔이었기에 고객 명단도 화려하다. 줄리 앤드류스를 필두로 로미 슈나이더, 엘리자베스 테일러, 리처드 버튼, 클라크 게이블, 로저 무어 등의 할리우드 스타들과 헤르베르트 폰 카라얀, 레너드 번스타인, 루치아노 파바로티 등이 이 호텔에 묵었다. 하지만 최고의 손님은 엘리자베스 여왕일 것이다.

또한 이 호텔은 같은 이름의 뛰어난 식당 '골데너 히르슈'를 운영한다. 과거 카라얀이 애용했던 곳으로도 유명한 이 식당의 전통 음식은 수준급이다. 명물은 이름대로 사슴고기 스테이크다. 이 지역에서는 집에서 가두어 키우는 가축보다 야생의 고기를 높이 평가한다. 그래서 잘츠부르크의 전통 식당들에서도 사슴을 비롯하여 야생 고기 요리가 흔하다. 이상하다고 피하지만 말고 여기까지 왔으니 도전해 보자. 일생에 처음 사슴고기를 먹는다면 이곳이 최적의 장소가 아닐까? 카라얀이 즐겨 먹었던 요리 역시 사슴 스테이크였다. 웨이터에게 카라얀의 자리가 어디인지, 그가 좋아한 요리가 무엇이었는지 물어보면, 만면에 자부심을 담아 친절하게 일러 줄 것이다.

아트호텔 블라우에 간스 Arthotel Blaue Gans

게트라이데가세를 걷다 보면 귀여운 파란색 거위가 그려져 있는 예쁜 간판이 하나 보인다. 파란 거위가 주의를 끌 만도 하지만, 하도 볼 것이 많은 거리라 관심을 가지지 않고 지나치기 일쑤다. 하지만 이곳은 유럽 전체에서 화제가 된 적이 있는 호텔이다. 간판에 '아트호텔 블라우에 간스', 즉 '예술 호텔 푸른 거위'라고 적혀 있다.

1350년에 지은 건물이니 무려 670년 가까이 된 곳이다. 원래 이곳도 호텔이었다. 잘츠부르크에서 가장 오래되고 낡은 호텔이 어느 날 가장 세련되고 전위적인 호텔로 탈바꿈했다. 호텔의 주인 안드레아스 그프레러가 2001년에 완전히 새 호텔로 만들었다. 앞쪽은 게트라이데가세지만, 반대편은 헤르베르트 폰 카라얀 광장이기 때문에 2분 거리의 페스티벌하우스가 정면으로 보인다. 즉 앞서 소개한 골데너 히르슈 바로 옆이다. '금록장' 옆 '청아장靑鵝莊' 정도라고나 할까?

이 호텔에 있는 객실은 모두 뛰어난 현대미술가들의 작품으로 장식되어 있다. 주인 그프레러가 선택한 오리지널 작품이 120점이 넘는데, 모든 방에 들어갈 수가 없어 다 보지 못하는 것이 아쉽다. 이레네 안데스너, 프란츠 그라프, 크세니아 하우스너 등 현대 오스트리아를 대표하는 작가들의 작품들이다. 방은 37개로, 원래의 오스트리아 전통 기둥이나 서까래 혹은 낡은 벽을 살리면서 현대식 미니멀리즘을 더했다.

블라우에 간스에는 '블라우에 간스' 혹은 '라 타볼라타 La Tavolata'라는

아트호텔 블라우에 간스

훌륭한 식당이 있다. 카라얀 플라츠 쪽으로 난 테라스는 항상 사람들이 북적일 정도로 인기가 많은데 이 멋진 곳이 '블라우에 간스 가든'이다. 하지만 지하의 둥근 천장이 있는 와이너리 같은 장소가 원래 식당으로 '라 타볼라타'라고 불린다. 이곳이 1350년에 만들어진 애초의 공간이라고 생각하면 된다.

이곳의 음식 수준은 아마 잘츠부르크 시내 전체에서 가장 뛰어난 축에 속할 것이다. 잘츠부르크 요리라고는 하지만, 합스부르크 황실의 궁정요리에 알프스 농부의 소박한 양식을 섞고 현대식 스타일을 가미한 새로운 요리다. 뛰어난 식재료와 세련된 음식 솜씨 모두 수준급이다. 현지에서도 워낙 인기가 높아서, 축제 기간에는 유명 아티스트들이 식사하는 모습을 흔히 볼 수 있다.

잘자흐강 서쪽 지역 — 대성당을 중심으로

대성당 (돔) Dom zu Salzburg

잘츠부르크는 귀족이 다스리는 도시가 아니라 교회가 지배하는 지역
으로 영주에 해당하는 사람은 대주교였다. 유럽에서는 '대성당'이라는
말을 자주 쓰는데 대성당은 '큰 성당'이라는 뜻이 아니다. 교구의 대표
성당으로, 대주교가 상주하는 곳이라는 뜻이다. 아무리 커도 대성당이
아니고, 반면 성당이 작더라도 대주교가 있으면 대성당이라고 부른다.
유럽의 도시에 가게 되면 일단 어느 성당이 대성당인지 파악하는 것이
도시의 중심과 부근의 지형도를 아는 데 큰 도움이 된다. 대성당을 중심
으로 도시가 발달하기 때문이다.

대성당은 영어로 카테드럴Cathedral이지만, 이탈리아에서는 두오모
Duomo, 독일이나 오스트리아에서는 돔Dom이라고 한다. 이곳은 다만 교
구의 종교의 중심일 뿐만 아니라 중세 내내 그 지역의 권력기관이도 했
다. 특히 교회가 다스리는 잘츠부르크에서 대성당의 위상은 대단히 높
아, 왕이나 귀족의 궁전이 없는 잘츠부르크에서 궁전에 해당한다고 볼
수 있다. 실제로 이곳의 대성당은 덩그러니 성당만 있는 것이 아니라 그
주위로 많은 부속 건물을 거느리고 있어 교회의 위력을 보여 준다.

대성당은 찾기 쉽다. 누구나 알고 어디서나 접근할 수 있다. 구시가지의 한가운데에 대성당, 즉 돔이 있으며 그 앞의 네모반듯한 광장이 '돔 광장'이다. 돔 광장에 서서 성당을 바라보면, 건물 정면에 숫자 세 개가 있는 것을 볼 수 있다. 맨 왼편의 것은 774인데, 그해에 처음 지어졌다는 뜻이다. 로마 시대 때부터 중요한 도시였던 잘츠부르크의 잔해 속에서 당대 교회의 흔적을 찾아내어 그 땅 위에 교회를 짓고 몇 번의 재건을 거쳤다. 그러나 그 교회는 화재로 전소되었고, 그 후에 새롭게 지은 교회가 1181년에 완성되었다. 그 후로도 성당은 여러 번 손상과 복구를 거듭했다. 그러다가 1587년에 그 유명한 볼프 디트리히 폰 라이테나우 대주교의 명령으로 이전의 성당은 완전히 철거되었다. 그는 이탈리

잘츠부르크의 역대 주요 대주교

잘츠부르크는 대주교가 다스렸던 도시다. 이들은 종교 지도자일 뿐만 아니라 지역의 통치자이기도 했다. 그러므로 역대 대주교들이 역임했던 연대를 알면 잘츠부르크를 이해하는 데 도움이 된다. 최초의 주교는 루페르트(재위 696~718)였다. 다음은 잘츠부르크의 전성기였던 17세기 주요 대주교들의 이름과 역임 연도다.

1587~1612	볼프 디트리히 폰 라이테나우Wolf Dietrich von Raitenau
1612~1619	마르쿠스 지티쿠스 폰 호헤넴스Marcus Sittikus von Hohenems
1619~1653	파리스 폰 로드론Paris von Lodron
1654~1668	구이도발트 폰 툰 호헨슈타인Guidobald von Thun-Hohenstein
1668~1687	막스밀리안 간돌프 폰 쿠엔부르크Maxmilian Gandolf von Kuenburg
1687~1709	요한 에른스트 폰 툰 호헨슈타인Johann Ernst von Thun-Hohenstein

대성당

아 바로크 양식의 신봉자로 화려한 건물을 좋아했다. 게다가 잘츠부르크 대교구청은 소금 전매로 얻은 막대한 자금을 보유하고 있었다. 그리하여 지금의 성당이 1628년에 완성되었다.

바로크 양식의 이 거대한 대성당은 높이 79미터에 달하는 첨탑 두 개를 양쪽에 거느리고 당당한 위용을 자랑한다. 게다가 높은 곳에 있는 돔은 아주 크다. 하지만 그 서쪽 입구 앞에 있는 돔 광장이 상대적으로 좁고 관광객이 바로 앞쪽 길을 지나가는 구조이기 때문에, 그 높은 건물의 위용이 눈에 잘 들어오지 않는다. 앞에 있는 거대한 청동문 세 개는 왼쪽에서부터 믿음, 사랑, 소망을 상징한다.

이 안에 있는 오르간은 유럽에서도 손꼽히는 거대한 규모와 좋은 음향으로 유명한데, 모차르트가 20대 초반에 이곳에서 오르가니스트로 일한 적이 있다. 성당 안에는 어린 모차르트가 침례를 받았다는 기록도 적혀 있다. 입구에는 보통 오르간 콘서트 포스터가 붙어 있으니 오르간 연주를 체험하고 싶다면 주목하기 바란다. 안에는 대성당과 대주교가 소유했던 많은 보물을 보관하고 있는 '돔 박물관'이 있다.

돔 광장 Domplatz

대성당의 외부를 보면, 대성당이 주변의 건물들과 아치 형태의 공중 통로로 이어져 있음을 알 수 있다. 즉 대성당은 주변의 레지덴츠 및 성 페터 수도원 건물과 공중 통로로 이어져 있는데, 레지덴츠는 이름 그대로 시내에 있는 대주교의 숙소이고, 성 페터 수도원은 대성당에 딸린 수도원이다. 그 통로를 통해 대주교와 고위 성직자들은 땅을 밟지 않고 걸어 다녔던 분들이라는 것을 알 수 있다. 평민들은 상상할 수도 없는 공중 부양인 셈이다.

그런 대성당의 서쪽에 있는 네모난 광장이 '돔 광장(돔 플라츠)'이다. 이 돔 광장의 동쪽으로는 대성당이 있고, 북쪽, 남쪽, 서쪽은 아치의 아케이드로 둘러싸여 있는 구조다. 돔 광장은 길이 100미터에 폭 70미터 정도로, 주변이 높은 벽으로 막혀 있어 사면이 둘러싸인 상자 같다.

돔 광장

우리가 아는 광장은 이름 그대로 주변이 탁 트인 넓은 공간인데, 이 돔 광장은 넓지도 않고 무엇보다 주변이 완벽히 막혀 있다. 그리고 이곳에서만 대성당의 정면을 제대로 바라볼 수 있다. 이곳에는 시민도 백성도 없다. 돔 광장은 그야말로 폐쇄적인 잘츠부르크 대교구청의 모습을 보여 주는 상징 같다. 대주교와 사제들은 비도 맞지 않고 눈도 밟지 않고 걸어 다녔다. 가톨릭이 군림하던 시절, 교회의 정치가 어떠했는지를 느낄 수 있는 공간이다. 아무도 다니지 않고 아무도 앉아 쉬지 않는 광장, 그 가운데 작은 성모상만이 사랑을 외치며 서 있다.

그런데 1년 중 단 한 차례 돔 광장이 사람들로 가득 찰 때가 있다. 바로 이곳에서 열리는 그 유명한 「예더만」의 공연 때다. 잘츠부르크 페스티벌이 100년 동안 「예더만」으로 페스티벌을 시작하는 전통을 지켜 오고 있는 이곳에서 「예더만」을 공연한다. 그날은 연극 복장을 한 배우들이 소품을 들고 시내 곳곳을 행진한다. 그들이 마지막으로 도착하는 곳이 돔 광장이다. 돔 광장 가득 임시 스탠드가 세워지고 좌석이 마련된다. 돔 광장의 대성당을 등지고는 임시 무대가 만들어진다.

레지덴츠 궁전 Residenz zu Salzburg

잘츠부르크 구시가를 걷다 만나는 가장 크고 육중한 건물이 '레지덴츠'다. '레지덴츠 궁전'이라고도 부르는 이 건물은 돔 광장과 레지덴츠 광장 사이에 대성당과 대각선상에 위치한다. 오랫동안 이곳은 잘츠부르크 대주교의 거처였는데, 그는 교회의 사제일 뿐만 아니라 이 지역을 다스리는 영주와 같은 권력자였던 만큼, 그야말로 영주에 걸맞은 권위를 내세우는 궁전 같은 규모와 구조다.

1587년 볼프 디트리히 라이테나우 대주교가 취임하면서 새 레지덴트의 건축을 시작하여 르네상스 양식으로 완성했다. 이후의 대주교들도 건물의 확장과 개조를 거듭했고, 이곳은 잘츠부르크 권력의 중심부 역할을 했다. 그러나 제1차 세계대전 이후에 이 건물은 시민을 위한 미술관으로 개조되었다. 그래서 지금은 '레지덴츠 미술관'으로 불리며, 16~19세기 오스트리아 회화를 중심으로 가구와 공예품을 주로 전시한다. 페스티벌 기간에는 특별 전시회가 기획되기도 한다.

스패라 Sphaera

돔을 지나 호엔잘츠부르크 성 쪽으로 걸어가면 카피텔 광장 Kapitelplatz 이 나타난다. 가장 먼저 눈에 들어오는 것은 거대한 황금 공과 그 위에 서 있는 남자일 것이다. 독일 조각가 슈테판 바켄홀 Stephan Bakenhol 의 「스패라」다. 2007년 아트 프로젝트의 일환으로 설치되어, 이제는 도시의 새로운 상징물이 되었다. 직경 5미터의 강화플라스틱으로 만든 구형에 황금으로 도금한 것이다. 이 사람이 누구인지 작가는 말하지 않았지만, 지구 위에 살고 있는 우리를 표현한 것이리라. 누구는 에더만의 현대적 모습이라고 하고, 누구는 잘츠부르크 페스티벌을 보러 온 외로운 나그네라고도 한다. 하여간 잠시 발걸음을 멈추고 생각에 잠겨 보자. 당신은 여기까지 왜 왔는가? 여러 생각 중에 최악은 모차르트 초콜릿을 연상하는 것일 것이다. 같은 작가의 여성상이 토스카니니호프에 있는 「바위의 여자 Frau im Fels」라는 작품인데, 굳이 찾아가 보기를 권하지는 않는다.

스패라

피에타 Pieta

지구 위의 남자를 한없이 바라보다가 뒤돌아보면 거대한 돔의 벽면 아래에 초라한 여성이 초록색 담요를 뒤집어 쓰고 앉아 있는 모습이 보일 것이다. 미술계에서는 「스패라」 이상으로 유명한 청동 조각상 「피에타」다. 체코 출신의 여성 조각가인 안나 크로미의 작품으로, 다른 이름 「양심의 망토Coat of Conscience」로도 알려져 있다. 살펴보면 사실 망토 안에 사람은 없다. 하지만 빈 공간이 주는 울림은 크다. 그녀의 같은 시리즈의 작품들이 프라하, 아테네, 모나코 등에 설치되어 있는데, 그중에 어떤 것은 망토 안에 사람이 들어갈 만큼 크다. 이 잘츠부르크에 있는 것은 시리즈 첫 작품의 하나로, 작가가 「예더만」을 보고 감동하여 만든 것이라고 한다.

피에타

호엔잘츠부르크 성

호엔잘츠부르크 성은 글자 그대로 풀이하면 '잘츠부르크 고高지대의 요새'라는 뜻이다. 잘츠부르크 시내의 어느 곳에서나 잘 보일 뿐만 아니라, 잘츠부르크를 방문하지 않은 사람들도 그림을 통해 잘츠부르크를 상징하는 상징물로 인식하도록 해 온 성채다.

잘츠부르크는 지리적으로 도시 앞으로 강이 흐르고 뒤편으로 높은 산이 가로막고 있는 것이 특징이다. 게다가 그 사이가 아주 좁아서 산에서부터 걸어서 5분이면 강에 닿을 수 있다. 산과 강 사이에 촘촘히 들어선 첨탑과 돔과 지붕들……. 그 아름다운 잘츠부르크 스카이라인의 정점이 되는 것이 뒷산 페스퉁스베르크Festungsberg산의 정상에 당당히 서 있는 호엔잘츠부르크 성이다. 장식이 거의 없고 크림색 단일 색조로 되어 있어 견고해 보이는 남성적인 성채다. 중세 유럽의 성 중에서 가장 규모가 크고 잘 보존된 요새다.

호엔잘츠부르크 요새는 게브하르트 폰 헬펜슈타인 대주교(재위 1060~1088)에 의해 투르크의 침략에 대비할 목적으로 1077년 건설을 시작했다. 그래서 이 성은 해발 500미터의 고지대에 있다.

애초 목조로 지었던 것을 1498년을 기점으로 석조로 변경하면서 더욱 견고해졌다. 레온하르트 폰 코이차흐 대주교(재위 1495~1519)는 비상시를 대비해 요새 안에 대주교의 거처를 거대하게 만들었는데, 이후 대주교들은 비상시가 아니라도 이곳에서 즐겨 묵었다. 그중에서도 중심이 되는 황금홀은 화려하게 치장한 객실로, 이 요새가 위기 때의 피난처로서만이 아니라 별채나 게스트하우스로도 사용되었음을 보여 준다. 1515년에 성으로 화물을 들여가기 위해 철도를 놓았고, 지금의 케이블카도 1892년에 놓였다.

호엔잘츠부르크 요새가 실제로 외부의 공격을 받은 것은 1525년 한 번뿐이었는데, 그마저도 외적이 아니었다. 당시 대주교의 정치에 불만을 품은 주민, 광부, 농민 들이 마태우스 랑 폰 벨렌부르크 대주교(재위 1519~1540)에 반기를 들고 성을 포위한 것이다. 그 후 1617년에는 대주교에서 해임된 볼프 디트리히 폰 라이테나우 대주교가 이 요새에 갇혀 숨을 거두기도 했다. 정작 나폴레옹의 침공 때에는 이런 요새를 두고도 히에로니무스 폰 콜로레도 대주교(재위 1772~1812)는 싸우지도 않고 빈으로 도망쳐 버렸다. 비교적 최근에 해당하는 1930년대까지 이곳은 감옥으로 사용됐다.

지금 이곳에는 수도원, 성당 등이 있으며, 성채 안으로 들어가면 무기와 고문 기구 들을 전시한 박물관이 있고, 인형극장 등 관광객을 위한 여러 볼거리가 마련되어 있다. 잘츠부르크 시내보다도 100미터나 상공에서 다른 공기를 마시면서 여행의 한가함을 누려 볼 수 있다.

케이블카를 타고 올라가면 2분도 걸리지 않지만, 걸어가도 20분이면 도달한다. 그곳에 올라서면 사방에 알프스의 준봉들이 흰 눈과 구름과 푸른 침엽수를 휘감고 잘츠부르크를 둘러싸고 있는 풍광에 압도당하게 된다.

슈티글켈러 StieglKeller 🍴

슈티글 양조장에서 운영하는 맥줏집이자 식당인 슈티글켈러는 잘츠부르크 구시가 뒤, 호엔잘츠부르크 성을 오르는 중턱에 있다. 정원이 멋질

뿐만 아니라 이곳에서 내려다보이는 잘츠부르크 구시가의 경치도 좋다.

슈티글 맥주는 500년의 역사를 자랑하는데, 과거에는 냉장고가 없었기 때문에 가을인 9월부터 봄인 3월까지만 제조했다고 한다. 또 낮고 일정한 온도를 유지해야 해서 호엔잘츠부르크 성 아래에 터널을 파고 이곳에 맥주를 보관했다. 이 자리에 맥줏집을 내게 된 까닭이다. 이곳에서는 특유의 슈티글 맥주는 물론이고 잘츠부르크의 전통요리들을 맛볼 수 있다. 1,000명까지 수용이 가능하다고 한다.

슈테판 츠바이크 센터 Stefan Zweig Centre

잘츠부르크는 예술의 도시다. 모차르트와 카라얀이 태어난 곳이다. 한스 마카르트 같은 화가와 토마스 베른하르트 같은 작가들이 족적을 남긴 도시이기도 하다. 무엇보다 문학에 관심이 있는 사람이라면 빠뜨

슈테판 츠바이크 센터

릴 수 없는 장소가 바로 슈테
판 츠바이크 센터다. 슈테판
츠바이크는 우리나라에도
팬이 많지만, 그가 조국에서
의 마지막 생애를 잘츠부르
크에서 보냈다는 사실은 그
리 널리 알려져 있지 않은 것
같다.

슈테판 츠바이크 센터의 전시물

츠바이크는 빈 사람이지만 1919년부터 1934년까지 15년간을 잘츠
부르크에서 살았다. 이 시기는 오스트리아 제국이 멸망하고 새로운 시
대를 향해 힘겹게 걸음마를 하던 격동기였다. 이 기간에 그는 빈보다도
정치적으로 덜 번잡하고 산업적으로도 한가한 잘츠부르크를 자신의 새
로운 거처로 정하고 이곳에 저택을 구했다. 그는 이 잘츠부르크의 새집
에서 조제프 푸셰, 마리 앙투아네트, 에라스무스 등의 평전을 집필했다.
그는 『어제의 세계』에서 잘츠부르크의 집을 이렇게 묘사한다.

알프스는 산과 언덕이 있는 거리에서 완만하게 독일 평지로 옮겨 가고 있
었고, 내가 살고 있었던 작은 숲이 있는 언덕은 말하자면 웅대한 산맥이 사
라지는 마지막 물결이었다. 자동차로는 갈 수 없고 100개 이상의 계단이
있는 300년 이상 오래된 골고다의 언덕과 같은 산길을 올라가야만 했다.
이 난행의 대가로서 테라스로부터 탑이 많은 거리의 지붕과 박공지붕을 굽
어볼 수 있는 매력적인 전망을 얻을 수 있었다. 그 위로는 알프스의 장엄한
산맥에 대한 조망이 열려 있었다……. 집 자체는 낭만적인 동시에 비실용

적이었다. 17세기에는 어느 대주교의 수렵관이었던 그 집은 거대한 요새의 벽에 기대어 있었고, 18세기 말에 이르러서는 좌우로 방이 각각 하나씩 확대되어 갔다…….

　　　　　　　− 슈테판 츠바이크, 곽복록 옮김, 『어제의 세계』, 지식공작소

　그의 묘사에 드러난 것처럼 이 집은 호엔잘츠부르크 성이 있는 높은 언덕에 기대듯이 붙어 있는 저택이다. 원래 대주교의 사냥용 집으로 지어졌던 것을 증축한 것인데 이것을 다시 츠바이크가 사들여 수리했다. 그의 말대로 시내가 내려다보이는 전망 좋은 집이지만, 100개나 되는 계단을 올라가야 하는 위치에 있다.

　츠바이크 센터는 슈테판 츠바이크의 문학적 유산을 기리기 위해서 그가 살던 집을 시에서 구입하여 2008년에 설립한 단체다. 츠바이크 센터의 프로그램에는 강의, 회담, 독서 및 회의 등이 있는데, 연구는 1900년부터 1945년까지 즉 20세기 전반의 오스트리아 문화 및 문학사, 과학, 미술, 유대교에 관한 문제를 다룬다. 이곳 상설 전시장에서 츠바이크의 삶과 작품을 만날 수 있다. 센터 안에는 도서관이 있고, 센터에서 잡지를 발행하기도 한다.

　이제 우리는 츠바이크처럼 100개의 계단을 오를 필요는 없다. 센터에 접근하는 방법은 몇 가지가 있는데, 첫째로 페스티벌하우스 왼편의 지하 통로에서부터 츠바이크 센터까지 운행하는 엘리베이터를 이용하는 것이다. 또한 현대미술관인 MdM에서부터 츠바이크 센터까지 능선을 따라 나 있는 산길로 걸어갈 수도 있다. 마지막으로 좋은 방법은 아니지만, 자동차로 (뱅뱅 돌아서) 올라갈 수도 있다.

슈테판 츠바이크
Stefan Zweig, 1881~1942

 인물

독서의 세계에 처음 발을 들인 어린아이들이 가장 많이 접하는 장르는 전기일 것이다. 우리는 이순신, 링컨, 에디슨 등 숱한 전기를 읽으면서 성장했다. 그런 전기문학을 하나의 장르라고 할 때, 그 가치를 높이고 전기를 넘어 평전評傳의 차원에 이르도록 예술적 향취를 고취시킨 사람이 츠바이크이다.

슈테판 츠바이크는 방직공장을 소유한 아버지와 은행가의 딸인 어머니를 둔 부유한 환경에서 태어난 유대인이었다. 그는 어려서부터 책을 많이 읽고 인문 분야에 관심을 보였으며 스무 살에는 시집을 출간했다. 스물세 살에 철학박사 학위를 받았다. 그는 1920~30년대에 유럽에서 가장 인기 있는 작가였다.

> "
> 살아남은 자의 죄책감으로 괴로워했다.
> "

츠바이크는 어느 한 민족이나 국가나 종교가 아닌 유럽 전체의 통합과 평화를 지지하는 사상을 펼쳤다. 그는 역사적 인물들에 관한 평전을 써서 평전문학의 새로운 지평을 열었다는 평가를 받는다. 『에라스무스 평전』, 『메리 스튜어트』, 『다른 의견을 가질 권리』, 『광기와 우연의 역사』 등이 대표작이다. 그중에서도 『발자크 평전』은 명문 중의 명문으로, 위대한 작가 발자크란 인물을 기막히게 표현했을 뿐만 아니라, 츠바이크의 인간에 대한 사랑과 연민을 엿볼 수 있는 걸작이다. 그는 소설도 썼으며, 자서전이라고 할 수 있는 『어제의 세계』를 남겼다.

츠바이크는 작곡가 리하르트 슈트라우스를 위해서 오페라 대본 『말 없는 여자』를 쓰기도 했다. 슈트라우스는 1935년 드레스덴에서의 『말 없는 여자』 초연 당시, 대본가 츠바이크가 유대인이라는 이유로 포스터와 프로그램에서 그의 이름을 삭제하라는 나치의 명령에 응하지 않고, 츠바이크의 이름을 그대로 넣었다. 공연은 결국 상영이 금지되었다.

1934년 나치의 힘이 커지자, 누구보다도 예지력이 뛰어났던 츠바이크는 다른 유대인들보다 앞서 아내와 함께 런던으로 몸을 피했다. 그 많은 재산은 물론이고 원고마저 다 버린 채로 영원히 조국을 떠난 것이다. 그러다 1940년 츠바이크 부부는 다시 대서양을 건넌다. 그들은 뉴욕을 거쳐 브라질까지 간다.

그는 리우데자네이루 근교의 페트로폴리스에 거처를 마련한다. 전쟁과 광기에 물든 세상에서 그의 절망은 커져 갔다. 그리고 친구와 친지들이 차례로 아우슈비츠에서 사라져 간다는 소식을 들으면서, 자신은 살아남았다는 안도감보다는 살아남은 자로서의 죄책감에 괴로워했다. 결국 인류에게 희망은 없다고 판단한 그는 수면제를 과다 복용하여 스스로 세상을 하직한다. 그의 결정에 부인도 동참하여 두 사람은 나란히 누워 숨을 거둔 모습으로 발견되었다.

슈테판 츠바이크가 이룩한 여러 분야의 업적 가운데서도 평전이야말로 누구도 따라갈 수 없는 분야였다. 하지만 평전은 어디까지나 다른 사람의 이야기. 여기서는 그가 만년에 자신의 일생을 돌아보면서 자서전식으로 쓴 『어제의 세계』를 소개한다. 츠바이크를 이해하는 데 가장 좋은 책이다.

"
이 성급한 사나이는
먼저 떠나가겠습니다.
"

이 책에서 그는 드물게 좋은 환경에서 태어나, 가장 훌륭한 교육을 받고, 사춘기를 거쳐 지성인으로 성장한 자신을 자세하게 묘사했다. 무엇보다도 그 시대의 정신과 배경을 상세하게 드러낸다는 점이 특징이다. 이 책은 그의 말처럼 "한 사람의 운명이 아니라, 한 세대 전체의 운명"에 관한 것이다. 츠바이크에 의하면 그가 살았던 19세기 말과 20세기 초는 인류 역사상 어떤 세대도 경험하지 못한 일을 겪은 시대였다. 인간은 그토록 높은 정신적 절정에서 이렇게 끝없는 몰락을 감수해 본 적이 없다. 『어제의 세계』는 근대의 역사와 정신에 관한 뛰어난 설명과 해석을 두루 담은 책이라고 할 수 있다.

500페이지가 넘는 이 방대한 책에는 특히 그가 교제했던 당대 최고의 지성들에 관한 묘사와 평가가 있어서, 독서의 황홀경으로 몰고 간다. 오귀스트 로댕, 로맹 롤랑, 제임스 조이스, 페루초 부소니, 막심 고리키, 레프 톨스토이, 지그문트 프로이트, 리하르트 슈트라우스, 아르투로 토스카니니 등이다. 한 사람의 기억에 의해 이런 책이 쓰였다는 것 자체가 경이다. 하지만 시대는 그를 받아들이지 않았다. 한나 아렌트는 이 책에 대해서 이렇게 말했다. '이 책 속에는 허영이라든지 자기를 값진 것으로 보이려는 값싼 욕망으로 쓴 것은 단 한 줄도 없다.'

책의 앞머리에는 츠바이크가 쓴 유서의 전문이 들어 있다.

이 인생에 이별을 고하기 전에 나는 무슨 일이 있어도 자유로운 의지와 맑은 정신으로 마지막 의무를 다해 두려고 합니다…… 그렇지만 60세가 지나 다시 한번 완전히 새롭게 인생을 시작한다는 것은 특별한 힘이 요구되는 것입니다. 그러나 나의 힘은 고향 없이 떠돌아다닌 오랜 세월 동안 지쳐 버리고 말았습니다. 그러므로 나는 제때에, 그리고 확고한 자세로 이 생명에 종지부를 찍는 것이 옳다고 생각합니다…… 모든 나의 친구들에게 인사를 보내는 바입니다! 원컨대, 친구 여러분들은 이 길고 어두운 밤 뒤에 아침노을이 마침내 떠오르는 것을 보기를 빕니다! 나는, 이 성급한 사나이는 먼저 떠나가겠습니다.

ㅡ 슈테판 츠바이크, 곽복록 옮김, 『어제의 세계』, 지식공작소

성 페터 수도원 Stift St. Peter

성 페터 수도원은 대성당(돔) 건너편과 대주교의 레지덴츠 뒤편에서부터 페스티벌하우스에 이르는 시내 중심가의 넓은 지역에 앉아 있다. 그러므로 여행자들은 수도원 바깥으로 주로 다니게 되지만, 수도원을 관통하여 다닐 수도 있다. 그러면 시간을 절약할 뿐만 아니라 도심 한가운데서 고요함을 즐길 수도 있다.

독일어로 '성 페터 수도원'이라고 부르지만, 페터가 베드로에 해당하니, '성 베드로 수도원'이라고 번역하기도 한다. 베네딕트 수도회의 수도원으로, 오스트리아는 물론이고 전 유럽의 독일어 사용 권역을 통틀어 현존하는 가장 오래된 수도원이다. 696년에 잘츠부르크의 첫 주교 성 루페르트에 의해 설립되어 1,300년의 역사를 간직하고 있다. 이 수도원은 중세 시대부터 문법학교로 유명했는데, 이것이 점점 발전하여 1623년에는 베네딕트회 대학이 된다. 이 대학은 1810년에 해산했지만, 나중에 잘츠부르크 대학 설립의 바탕이 되었다.

성 페터 수도원 도서관 Stiftsbibliothek St. Peter

성 페터 수도원 안에는 오스트리아에서 가장 오래된 도서관이 있다. 실내가 로코코풍으로 장식돼 있고 도서관의 역사만큼이나 오랜 기간 수집한 책 10만 권을 소장하고 있다. 특히 이곳 컬렉션은 베네딕트회와 수도원, 중세 교회사, 지방의 역사, 예술사에 관련된 항목에 특화되어 있다.

도서관 안에는 별도로 음악보관소가 있는데, 음악의 도시 잘츠부르크답게 중요한 음악가들의 자필 필사본같이 귀중한 자료를 많이 소장하고

성 페터 수도원 도서관

있다. 이는 도서관에서 잘츠부르크의 음악가나 그들의 가족 및 후손 등과 끊임없이 접촉해 온 노력의 산물이다. 레오폴트 모차르트, 볼프강 아마데우스 모차르트, 미하엘 하이든 등의 작품을 만날 수 있다.

성 페터 수도원 교회 Stiftkirche St. Peter

성 페터 수도원 교회

수도원의 대표적인 건물이 수도원 교회다. 이것은 1,000년도 더 된 건물이지만, 수십 차례 개축하는 과정에서 여러 양식이 섞였다. 현재의 제단은 마르틴 요한 슈미트의 손에 의해 1782년 로코코 스타일로 완공된 것이다.

이 교회와 관련해 일어난 대표적인 예술적 사건을 꼽으라면, 1783년 모차르트의 걸작 미사곡 「c단조 미사」를 이 교회에서 초연한 것이다. 모차르트의 아내 콘스탄츠가 제1소프라노를 불렀다. 제단 옆의 무덤에는 모차르트의 누나 마리아 안나 모차르트가 잠들어 있고 요한 미하엘 하이든의 무덤도 있다.

성 페터 수도원 교회 내부

요한 미하엘 하이든

Johann Michael Haydn, 1737~1806

인물

요한 미하엘 하이든은 고전주의 음악을 대표하는 대작곡가 프란츠 요제프 하이든의 동생으로, 그 역시 유능한 작곡가였다. 형제는 오스트리아와 헝가리의 국경에서 가까운 로라우라는 마을에서 태어났다. 그의 아버지는 마차 바퀴 수선공이었으며 어머니는 하라흐 백작의 궁정 요리사였다. 하이든의 아버지나 어머니 어느 쪽도 악보를 읽을 줄 몰랐다. 하지만 아버지는 민속음악을 좋아했고, 하프도 연주할 줄 알았다. 그는 아이들이 노래를 배우도록 도왔으며 아이들은 모두 노래를 잘 불렀다.

그리하여 형인 요제프 하이든은 빈의 슈테판 대성당의 어린이 합창단에 들어가게 된다. 요제프는 합창단에서 보이 소프라노로서 재능을 보였다. 슈테판 성당의 음악감독이었던 카를 게오르크 로이터는 하이든의 아버지에게 "당신 아들의 재능에 감동했습니다. 만일 당신에게 아들이 열두 명 있다면 모두 재능이 뛰어날 것으로 생각하니, 열두 명을 내가 모두 보살펴 주겠습니다."라고 편지를 썼다. 이 편지에 감격한 아버지는 5년 후에 요제프의 동생인 미하엘을 정말로 그에게 보냈으며, 그 후에는 또 다른 동생 요한도 보냈다. 그렇게 세 형제가 모두 이곳에서 합창단원으로 활동했다.

미하엘은 슈테판 성당의 합창학교를 마치고 작은 성당의 음악감독을 맡았다. 그러다 스물다섯 살이 되는 1762년에 잘츠부르크에 가게 되는데, 그 후로 이 도시는 미하엘에게 제2의 고향이 되어 그는 평생 이곳에서 음악활동을 한다. 미하엘은 이곳에서 결혼하고 43년이나 산다. 미하엘의 가족은 잘츠부르크에서 모차르트의 가족과도 알고 지내게 된다. 이 시기에 모차르트는 20년 선배인 미하엘 하이든의 영향을 받았다. 이렇게 잘츠부르크에서 함께 활동한 대표적인 두 작곡가는 서로 교류하면서 친분을 쌓았을 뿐만 아니라 음악적 영향도 주고받았다.

미하엘이 잘츠부르크에서 작곡한 곡은 360곡에 달한다. 그중 걸작이 「레퀴엠 c단조」다. 이 곡은 지기스문트 3세 폰 슈라텐바흐 대주교(재위 1753~1771)를 위해 작곡한 것으로, '지기스문트 대주교를 위한 진혼미사곡'이라는 부제가 붙었다.

> "
> 진정 잘츠부르크를 사랑한
> 시민이자 음악가
> "

그는 잘츠부르크에서 68년의 생을 마치고 성 페터 수도원 교회에 묻혔다. 그런 점에서 미하엘 하이든은 잘츠부르크에서 태어난 모차르트보다도 잘츠부르크에서 더욱 오랫동안 활동했으며, 빈으로 탈출했던 모차르트에 비해 오히려 더 잘츠부르크를 사랑했던 진정한 잘츠부르크의 시민이자 음악가였다.

하인리히 비버
Heinrich Biber, 1644~1704

인물

하인리히 비버는 우리나라에 『로자리오 소나타』라는 일련의 아름다운 바이올린 곡으로 알려져 있다. 그는 보헤미아 지방의 바르텐베르크 출생으로, 본명은 하인리히 이그나츠 프란츠 폰 비버 Heinrich Ignaz Franz von Bibler다. 보헤미아 예수회 소속의 김나지움에서 음악교육을 받았다.

그는 1668년까지 그라츠에 있는 요한 자이프리트 폰 에겐베르크 대공의 궁정에서 일했고, 이후에 크렘지어에서 올뮈츠의 주교 카를 2세 폰 리히텐슈타인 카스텔코른 아래서 일했다. 카를 2세는 1670년에 궁정악단에서 사용할 악기를 구입하기 위해 인스브루크 근교의 압잠으로 비버를 출장 보냈다. 비버는 가는 도중에 잘츠부르크에 들르게 되는데, 여기서 잘츠부르크의 대주교 막스밀리안 간돌프 폰 쿠엔부르크(재위 1668~1687)를 만난다. 막스밀리안 대주교는 그가 무척 마음에 들어 놓아주지 않았으며, 비버 역시 대주교의 환대와 잘츠부르크의 분위기에 흠뻑 취했다. 그리하여 비버는 공무도 잊고 아예 잘츠부르크에 눌러앉아 일하기 시작했다. 하지만 카를 2세는 그런 비버의 행동이 너무나 섭섭하여 1676년까지 그를 공식적으로 놓아주지 않았다고 한다.

이렇게 잘츠부르크에 정착한 비버는 죽을 때까지 잘츠부르크를 제2의 고향으로 여기고 이곳에서 지냈다. 비버는 당대에 작곡가보다는 바이올린 연주자로서 명성을 누렸다. 특히 바이올린 주법에 관해서는 당대 최고였다. 비버는 잘츠부르크 대주교의 환대가 마음에 들어 1679년 잘츠부르크 대주교의 부악장을 맡았고, 1684년에는 악장이 되었다. 그는 1690년에 황제 레오폴트 1세로부터 지배장Truchsess 작위를 받았다.

<blockquote>
"

잘츠부르크를 위해서
살고 작곡하다

"
</blockquote>

이렇게 잘츠부르크에서 활동한 비버는 잘츠부르크를 위해서 많은 작품을 썼다. 그는 「잘츠부르크 대성당 미사」를 비롯해 10개의 미사곡, 8개의 바이올린 독주곡, 21개의 실내악곡 등 총 250여 작품을 쓴 것으로 알려져 있지만, 이 중 100곡 이상은 분실된 것으로 보인다.

그중에서도 가장 잘 알려진 작품이 일련의 『로자리오 소나타』들이며, 이것은 특히 바이올린의 명수였던 그의 음악세계의 결정판이라고 할 만하다. 평생을 잘츠부르크에서 활동하다가 잘츠부르크에서 세상을 떠난 그는 성 페터 성당 묘지에 안장되었다.

『로자리오 소나타』

『Die Rosenkranz-Sonaten』

음악

『로자리오 소나타』는 하인리히 비버가 1678년에 작곡한 바이올린과 바소 콘티누오(통주저음)를 위한 2중주곡으로,『묵주黙珠 소나타』라고 번역하기도 한다. 이 곡은 소나타 15개와 파사칼리아 1개로 모두 16곡으로 되어 있다. 15곡은 통주저음의 반주 위에 바이올린이 연주하는 2중주곡이지만, 마지막 파사칼리아 한 곡만은 통주저음 없이 바이올린 독주로만 연주한다.

비버는 13세기경부터 내려오던 가톨릭 전통의 묵주기도의 순서를 따라서 작곡했다. 즉, 예수의 생애를 '환희의 신비', '고통의 신비', '영광의 신비' 등 세 주제로 나누어 배치하고, 각 주제 밑에 소나타를 5곡씩 배치했다. 그리하여 제1부 '환희의 신비'에는 소나타 1번「수태고지」부터, 2번「성모 방문」, 3번「예수 탄생」, 4번「예수 성전 봉헌」, 5번「성전에서 다시 찾은 예수」가, 제2부 '고통의 신비'에는 소나타 6번「감람산 위의 예수」, 7번「채찍질 당하는 예수」, 8번「가시 면류관」, 9번「십자가를 진 예수」, 10번「십자가에 못 박힌 예수」가 있다. 제3부 '영광의 신비'에는 소나타 11번「부활」, 12번「승천」, 13번「성

비버: 로자리오 소나타
구나르 레츠보르
아르스 안티쿠아 오스트리아

령강림」, 14번 「성모승천」, 그리고 15번 「성모대관」이 놓인다. 그리고 마지막에 제16곡인 파사칼리아가 위치한다.

"

위대한 음악은 우리 마음의
종교적 심성을 건드린다.

"

이 『로자리오 소나타』의 특징은 각 곡을 서로 다르게 조현調絃하여 각 곡이 서로 다른 음색과 분위기를 내도록 만든 것이다. 즉, 일반적인 조현 방식이 아닌 다른 방식으로 조현하는 스코르다투라 Scordatura 기법을 사용했다.

악보의 표지는 없고 다만 잘츠부르크 대주교에게 헌정한다는 내용만 적혀 있다. 바로 막스밀리안 간돌프 폰 쿠엔부르크(재위 1668~1687)를 일컫는 것으로 비버가 잘츠부르크에 정착하도록 그를 인정하고 후원한 인물이다.

『로자리오 소나타』는 대단히 아름다운 곡이다. 비버는 빼어난 바이올린 연주가인 한편 바이올린 기법의 계발자였지만, 이 곡에서 들려오는 것은 기교보다는 감성이다. 잘츠부르크를 소개하자면 대주교들의 전횡과 타락을 언급할 수밖에 없어 종종 안타깝지만, 이런 잘츠부르크 같은 종교도시의 신앙심이 『로자리오 소나타』 같은 위대한 음악을 만들어 냈다. 이 곡을 들어 보라. 위대한 음악이 우리 마음속에 있는 종교적 심성을 건드릴 것이다.

성 페터 묘지 Petersfriedhof

대성당을 지나 호엔잘츠부르크 성으로 가는 오르막길을 오른다. 양 옆으로 관광객을 상대로 조잡한 물건을 파는 기념품 가게, 그것과 별로 어울리지 않는 엉터리 패스트푸드 가게 등이 전혀 유혹적이지 않은 따분한 모습으로 지나가는 사람을 바라보고 있다. 좀 더 올라가다가 왼편으로 사람들이 줄지어 케이블카를 기다리는 것이 보이면, 나는 반대쪽인 오른쪽으로 발길을 돌린다. 담벼락 사이에 있는 검은 쇠창살로 된 철문을 살짝 밀어 본다. 닫혔을 것만 같지만 보통은 열린다. 안으로 들어가면 사람이 거의 없다. 그 안에서 이 번잡한 관광지의 도심에서 상상도 할 수 없는 공간이 펼쳐진다. 아름답고 조용하고 화려하면서도 엄숙한 이곳은 성 페터 묘지다.

벽으로 둘러싸인 자그마한 대지에 완벽하게 손질된 식물들이 단정하게 앉아 있다. 돌무덤 사이로 빨간 꽃들이 지상의 평화를 조용히 웅변한다. 모름지기 묘지란 쉼터이며 삶이란 죽음을 앞두고 잠깐 거쳐 가는 곳이라는 기분이 확연하게 밀려온다.

천천히 발걸음을 옮기면서 다양한 모양의 묘비들을 하나하나 바라보며 새겨진 이름과 생몰 연대를 읽는다. 어느 날 우연히 무심코 철문을 밀었다가 이곳을 발견했다. 그 후로는 잘츠부르크에 갈 때마다 매번 찾는다. 밖은 페스티벌이다 관광이다 구경 나온 사람들로 번잡하지만 이곳은 고요하다. 적요가 저절로 명상의 싹을 틔우는 그런 곳이다.

이곳은 바로 옆에 있는 성 페터 수도원의 부속 묘지로, 696년 수도원이 세워질 때 함께 조성된 곳이니, 무려 1,300년이나 되었다. 이곳의 묘

성 페터 묘지

들은 수백 년을 거치면서 여러 형태로 생겨났다. 특이한 것은 카타콤베처럼 암벽에 있는 것들이다. 암벽에는 묘지뿐 아니라 수도승들이 기거했던 동굴 암자들도 창문들 때문에 눈에 띈다. 바위 밑으로는 바위를 파서 건설한 아케이드가 서 있고, 그 아케이드 안에도 무덤이 있다. 묘지 안에는 작고 아름다운 예배당이 두 개나 서 있는데, 역시 오래된 것으로 각각 1172년과 1178년에 건설한 것이다.

성 페터 슈티프츠쿨리나리움 식당 St. Peter Stiftskulinarium   🍴

묘지를 지나 수도원 구역을 통과한다. 다 지날 때쯤 암벽 밑에서 식당 간판이 눈에 들어온다. '성 페터 슈티프츠쿨리나리움'으로, '유럽에서 가장 오래된 식당'이라는 믿기 어려운 문구가 적혀 있다. 처음에는 관광객을 겨냥한 상투적인 문구라고만 생각해 별로 믿음이 안 갔다. 아니 그리스도 로마도 아니고, 하필이면 관광객 많은 잘츠부르크에 가장 오랜 역사를 가진 식당이 있다니. 대체 누가 조사하고 누가 인정한 거야?

하지만 문구의 진위 여부를 떠나 안으로 들어가면, 밖에서 상상했던 것 이상으로 넓고 멋진 식당이 나타난다. 암벽을 뚫고 그 밑에 암벽을 지붕 삼아 테이블을 놓았는데, 일부는 노천에 있어서 여름에는 아주 시원하다. 사실 이곳의 음식 맛은 겉보기와는 달리 상당히 훌륭한 편이다. 현지인들도 이곳을 좋아해서(오래된 곳이라서가 아니라 식사의 품질과 분위기 때문이다) 사적인 만남이나 모임을 위해 즐겨 찾는다. 이곳에 '고문서에 의거해서 이곳이 중부 유럽에서 가장 오래된 식당'이라는 문헌적 근거가 있는 문구가 적혀 있다. 아마 사실인가 보다.

잘츠부르크 시내를 걷다 보면 여기저기 눈에 띄는 단어가 '우니베르시테트 잘츠부르크'다. '잘츠부르크 대학'이라는 뜻이다. 잘츠부르크를 대표하는 유수의 종합대학은 따로 캠퍼스를 두지 않고 이렇게 시내 곳곳에 건물이 산재해 있다. 그래서 도심을 걷다 보면 이름이나 대학의 로고를 계속해서 마주치게 되는 것이다.

원래 명칭은 '잘츠부르크 파리스 로드론 대학Paris Lodron Universität Salzburg' 으로, 설립자인 파리스 폰 로드론 대주교(재위 1619~1653)의 이름을 딴 것이다. 그는 400년 전인 1622년에 대학을 설립했다. 하지만 대학은 1810년에 문을 닫았다가, 1962년에 다시 문을 열었다.

2013년의 통계에 의하면 학생 18,000명에 직원 2,800명으로 집계된다. 지금은 신학부, 법학부, 인문(문화사회과)학부, 자연과학부 등의 유럽 대학 전통에 따른 고전적 4대 학부를 두고, 그 아래 32개 학과가 있다. 과거에 있었던 의학부도 다시 개설하려고 했으나 여러 사정으로 아직 실현되지 못하고 있다.

잘츠부르크는 구시가가 작은 관계로 도시 전체가 학교 캠퍼스로 보인다. 심지어는 레지덴츠 궁전의 일부에도 학교 사무실이 들어서 있고 대성당의 한쪽에도 학교 시설이 있다. 그중에서도 눈에 띄는 것이 바로 대축제극장 건너편에 있는 건물인데, 페스티벌 때면 창문마다 유니버설 뮤직의 아티스트들(랑 랑, 폴리니, 지메르만, 카우프만 등)의 포스터로 도배되는 큰 건물이다. 이 건물이 바로 페스티벌 때만 되면 사무국이 주차장과 사무실 등으로 빌려 사용하는 잘츠부르크 대학 도서관이다.

잘츠부르크 대학 인문학부 건물

    하지만 중심이 되는 대학 건물은 인문학부 건물로, 유명한 모차르트 광장과 파파게노 광장으로부터 100미터가량 떨어진 잘자흐강 변의 루돌프스카이에 위치하고 있다. 이곳은 일부러 찾지 않으면 구시가에서 쉽게 보이지 않아 강변을 따라 산책할 때나 볼 수 있다.

    별도로 캠퍼스가 없다고는 했지만, 사실 가장 캠퍼스답고 큰 현대적인 교사校舍가 최근 호엔잘츠부르크 성 뒤편 축구장 옆에 조성되었다. 우니파르트 논탈 캠퍼스Unipark Nonntal Campus로, 17,000제곱미터의 넓은 면적에 초현대식 건물이 늘어선 캠퍼스 시설이다. 이곳에서만 학생 5,500여 명이 공부하고 있다.

　페스티벌하우스 건너편이 잘츠부르크 대학의 도서관이고, 그것과 등을 맞대고 북쪽을 향해 있는 하얀 건물이 콜레지엔 교회라고도 부르는 '대학교회'다. 그래서 교회 앞 광장도 대학 광장Universitätsplatz이다. 과거 마르크트 플라츠 즉 시장 광장의 노천시장 기능이 이쪽으로 옮겨와서 상인들과 물건을 사려는 사람들로 북적이는 곳이다. 그래서 시장 한가운데에 대학교회가 서 있는 꼴이 되었다. 하지만 교회 안으로 들어가면 문밖 저잣거리와는 딴판인 순백의 세계가 나타난다.

　이 교회는 들어가는 순간 "아!" 하고 한숨이 나올 만큼 장식이 없다. 전체가 다 흰 벽이다. 건물 자체는 바로크 양식으로 지어졌지만, 색채를 지양하여 거의 순백 일색에 형태도 지극히 단순하다. 그라츠 출신의 건축가 요한 베른하르트 피셔 폰 에를라흐(1656~1723)의 대표작이다. 그는 교회의 벽을 그림이나 조각으로 채우지 않고, 흰 벽을 그대로 비워 두었다. 그 후로 이 교회의 아름답고 단순하고 그림 한 점 없는 흰 벽 디자인은 한동안 뮌헨을 비롯한 독일 남부 지방의 후기 바로크 교회들의 모델이 되었다.

　교회는 처음부터 대학교회의 기능을 수행했다. 그러나 나폴레옹 군대가 이 교회를 점령하고부터는 교회가 아니라 창고로 사용되었다. 또한 잘츠부르크 대학이 해체되자 수비대, 즉 군대교회로 사용되었다. 그러다가 1922년 잘츠부르크 페스티벌이 시작되면서부터 이곳을 축제 기간 중 공연장으로 사용하게 되었다. 축제극장에서 아주 가까울 뿐 아니라 음향도 좋다는 것이 알려졌기 때문이다. 그러다가 1962년에 잘

대학교회

츠부르크 대학이 정상화되면서, 1964년부터 다시 대학교회가 되었다. 1868년에 완성된 마트호이저 마우라허가 설계한 오르간의 성능이 뛰어나서, 페스티벌 기간에 특히 고음악이나 종교음악의 공연장으로 중요하게 이용된다.

서점 횔리글 Buchhandlung Höllrigl

오래된 도시를 여행할 때면, 오랫동안 유지되고 있는 노포를 찾아보는 것이 그 도시를 이해하는 데 중요한 일이다. 상점이나 카페, 주점도 있지만, 그중에서도 최고는 서점이다. 서점은 그 도시에 흐르는 정신을 가늠해 볼 수 있는 진열장이다.

다행스럽게도 오랜 역사를 자랑하는 오스트리아에서 가장 오래된 서점 중 하나가 잘츠부르크 시내에 지금도 문을 열고 있다. 잘츠부르크 구시가의 마르크트 광장과 대학 광장 사이를 이어 주는 길목에 있는 '횔리글' 서점이다. 주소는 지그문트 하프너가세 10번지로 서점이 있는 건물은 리체르하우스Ritzerhaus라고 불리는데, 한쪽에는 초콜릿과자로 유명한 퓌르스트의 두 번째 상점이 들어 있다.

콘라트 퀴르너가 '서점 퀴르너스 호프 부흐드루크너Kürners Hof-Buch drucker'를 설립한 것이 1598년이니, 400년이 넘었다. 처음에는 교회 팸플릿이나 홍보물을 인쇄했으며, 주인도 여러 번 바뀌었다. 그러다가 에두아르트 횔리글이 인수했고, 곧 다른 사람에게 넘어가긴 했지만, 지금까지 그의 이름이 서점의 이름으로 전해진다. 1980년에 빈의 서점 체인인 빌헬름 프릭에서 인수했다.

2층으로 된 서점의 1층 입구에는 잘츠부르크를 소개하는 책들이 진열되어 있다. 잘츠부르크에서만 구할 수 있는 책들이 많다. 사진이 가득한 책도 있고 영어판도 있다. 이 서점의 큰 특징은 페스티벌에서 화제가 되거나 현재 공연 중인 음악가나 예술가들에 관한 책이 늘 준비되어 있는 점이다. 설혹 책을 사지 않더라도 이런 책이 나왔구나 하고 알게 되는 것만으로도 도시가 돌아가는 추세나 유럽 예술계의 경향을 알 수 있다. 2층에는 영어책과 여행서, 어린이책 등이 구비되어 있다.

서점 슈티어를레 Buchhandlung Stierle

모차르트 광장에서 잘츠부르크 뮤지엄 뒤쪽의 작은 길로 돌아가면 눈길을 끄는 소박한 서점 '서점 슈티어를레'가 나타나는데, 외관부터가 무척 귀엽다. 새파란 차양이 쇼윈도의 책들을 보호하기 위해 드리워져 있고 안에는 다양한 책들이 사탕 가게의 사탕들이 서로 잘 보이려고 고개를 내밀듯 빽빽하게 들어서 있다. 나는 이렇게 유리 진열장 안에 귀하게 들어 앉아 있는 책들을 좋아한다. 책을 만화처럼 그린 간판을 지나 'STIERLE'라는 하얀 알파벳 일곱 자가 뚜렷이 각인된 유리문을 열고 들어간다.

문을 연 해가 1988년이니 겨우 30년밖에 되지 않았다. 도시의 가게들에 비하면 그야말로 신생아다. 1988년에 하인츠 슈티어를레가 잘츠부르크에 이 서점을 열었다. 2017년에 슈티어를레가 은퇴하자, 미카엘라와 베른하르트 헬밍커 부부가 인수했다. 그들은 완전히 인테리어를 새롭게 해 가게를 밝게 개조한 후에 같은 이름으로 문을 열었다. 이 서점이 내세우는 가장 큰 자랑은 네 명의 스태프다. 스태프들은 각기 자신의 전문 분야에서 고객들의 상담에 적극적으로 응하고, 좋은 책을 소개한다. 사실 이런 규모의 서점에서 전문 인력을 네 명씩이나 가동한다는 것은 쉽지 않은 일이다. 그들 각각 논픽션과 여행, 소설 및 문학, 어린이, 마지막으로 관리 업무를 맡고 있다.

무지크하우스 카톨니크 Musikhaus Katholnigg

뛰어난 공연이 이렇게 자주 열리는 도시니 제대로 된 클래식 음반 가게 하나는 있겠지 싶겠지만, 실제로 찾기가 쉽지 않다. 잘츠부르크를 대표하는 최고의 클래식 레코드 가게는 '무지크하우스 카톨니크'인데, 페

무지크하우스 카톨니크

스티벌하우스에서 가깝지만 한적한 지그문트 하프너가세에 있다. 사실 이 길은 우아하고 조용해 좋은 가게나 갤러리, 식당 등이 있다.

빈의 레코드 가게 EMI의 부서장이었던 아스트리트 로트하우어는 자신의 음반업을 하고 싶었다. 결국 그녀는 1847년에 설립된 오래된 카톨니크를 1996년에 인수한다. 무엇보다도 음악가였던 아버지의 영향으로 음악에 귀가 트였다고 자타가 인정하고 있었으며, 음악가, 오케스트라 등을 비롯한 음반에 관해서도 깊은 지식과 열정을 갖추었기에 가능한 일이었다.

로트하우어는 이곳을 20년 동안 클래식과 재즈만 전문으로 취급하는 가게로 특화시켰고, 새 음반이 나오면 카톨니크에서 사인회나 좌담회를 여는 것을 상례화했다. 그리하여 이곳은 단순한 레코드 가게가 아니라 잘츠부르크를 찾는 음악가와 청중이 가까이서 만나 서로 질문하고 의견도 나누는 사랑방이 되었다. 특히 페스티벌 기간에는 매일같이 여러 공연이 올라가기 때문에 여름철의 카톨니크는 하루가 멀다 하고 세계적인 성악가와 연주가가 사인회를 위해서 들른다. 오늘도 여러분이 잘츠부르크에 있다면, 먼저 카톨니크를 방문해 새로 출시된 음반은 어떤 것이 있는지, 일정 안에 혹시 좋아하는 연주가의 사인회가 열리는지 알아 놓는 것도 좋을 것이다.

마이 홈 뮤직 My Home Music

대학 광장의 귀여운 음반 가게 '마이 홈 뮤직' 역시 클래식과 재즈만 취급하는 곳으로, 카톨니크와 더불어 양대 클래식 음반점이라고 할 수 있다. 하지만 이곳의 분위기는 카톨니크와 차별된다. 비좁은 매장에 신보는 물론이고 어지간히 이름난 음반은 다 구비해 놓았다. 무엇보다도 지금 공연되거나 화제가 되는 공연의 음반이 잘 추려져 있어 스태프들의 안목이 돋보인다. 이 점을 더 확실히 하기 위해서 일부러 질문을 해보면, 돌아오는 대답은 늘 예상을 뛰어넘는다. 그런 점에서 완전히 청장년의 남성 스태프들로만(그래 봤자 두어 명으로 보이지만) 구성된 직원들의 무게감은 카톨니크를 뛰어넘는다.

이 가게의 홈페이지에 들어가 보면 '마이 홈 뮤직 라운지'라는 코너가 있는데, 스태프들이 훌륭하다고 생각하는 음반을 올리는 곳이다. 독일어권 클래식 애호가들에게 높은 평가를 받는 만큼 세계적인 음악가와 애호가들이 모여드는 시장(실제로 가게 앞이 시장이다) 한복판에서 자신들의 감식안을 당당히 내세우는 믿음직한 음반점이다. 이곳은 특히 모차

마이 홈 뮤직

르테움 오케스트라 등 여러 음악 단체와 결연을 맺어서, 독주자들의 사인회를 내세우는 카톨니크와는 차별된 전략을 자랑한다.

퓌링거 Pühringer

번접한 게트라이데가세를 걷다 보면 유명한 모차르트 생가가 나타나는데 그 오른편 두어 가게 건너에 있는 집이 '퓌링거'다. 쇼윈도에 여러 가지 악기가 놓여 있어서 쉽게 찾을 수 있다.

이곳은 오래된 음악 가게다. 음악 가게라니? 음악을 판단 말인가? 사실 음악과 관련된 거의 모든 것을 판다. 주로 취급하는 것은 악기, 악보, 음향 장치, 음반, 스피커, 장난감 악기 등이다. 그러나 이 가게에서 가장 특색 있는 것을 꼽자면 다양하고 귀한 악기들이다. 즉 세계 각국의 민속 악기나 오스트리아의 민속 악기다. 잘츠부르크 여행의 기념이 될 만한 것을 구하기에는 천편일률적인 기념품 가게보다 이곳이 좋다. 특히 추천하고 싶은 상품은 포스트 호른(피스톤이 달리지 않은)이나 작은 트럼펫, 아주 작고 다양한 하모니카, 그리고 문을 걸어 잠그고 혼자 오디오로 음악을 감상하면서 흔들기에 좋은 지휘봉 등이다. 어린이를 위한 다양한 장난감 악기도 있다.

내가 처음 찾았을 때는 상당히 '진지한' 악기 가게였는데 점점 악기를 배우는 사람은 줄고 관광객이 늘어나면서 관광객을 상대로 한 상점으로 변해 가고 있어 아쉽다. 그런 퓌링거의 변화를 보면, 참 오랫동안 이 도시를 방문했구나 하는 생각이 든다. 하지만 그래도 아직은 옷 가게로 바뀌지 않고 여전히 음악을 내세우면서 이 상업적 거리의 한 칸을 지키고 있는 것만도 고맙다. 그래도 여기는 잘츠부르크니까.

이곳은 분명 보물 가게다. 어렸을 적에 읽은 책에는 사탕 가게에 들어
간 어린아이가 유리 진열장에 진열된 사탕들을 마치 보석상에 전시된
보석들을 보듯 넋을 잃고 바라보는 모습이 묘사돼 있었다. 하지만 나는
사탕을 별로 좋아하지 않아, 아이의 기분을 실감나게 이해하지 못했다.
더구나 어렸을 때에 사 먹던 사탕은 구멍가게나 문방구 구석에서 먼지
를 뒤집어쓴 비닐봉지 속에 들어 있지 않았던가? 유리로 된 번쩍거리는
진열장 속의 화려한 색깔과 다양한 모양의 사탕이 보석 같다는 것은 과
장되었거나 나와는 상관없는 먼 나라의 이야기로만 아련하게 느껴질 뿐
이었다.

　그러나 이곳에 서면 정반대 감정이 든다. 내가 처음 골목에서 가게를
맞닥뜨렸을 때, 순간적으로 어렸을 때 읽었던 바로 그 장면이 떠올랐다.
책에서처럼 화려하고 번쩍거리는 가게는 아니지만(사실 작고 귀엽다는 표현
에 딱 들어맞는 예쁜 가게다) 입구 양편으로 서 있는 유리 진열장 안에 아름

샤츠 과자점

답게 포장된 세련된 과자통을 보면서, 이곳은 분명 책에 나왔던 그런 '보석' 가게라는 것을 직감했다.

이곳은 찾기가 어렵다. 만일 당신이 이곳을 단번에 찾는다면, 심지어 주소나 지도를 들고서라도 단 한 번도 발걸음을 돌리지 않고 이곳을 찾는다면, 당신은 잘츠부르크 구시가지의 달인임에 틀림없다. 이곳은 구시가지의 파사주로 형성된 골목 한가운데에 있다. 세 개의 파사주가 만나는 곳인 만큼 "가장 깊숙이 있다"고 말해도 될 것이다. 어쨌거나 설명하자면 게트라이데가세 3번지의 파사주로 들어와서, 대학 광장으로 연결되는 그 가운데에 있다.

이 가게를 연 사람의 조상은 보덴 호수에 있는 독일령의 작은 도시 콘스탄츠에 살던 과자 장인이었다. 그의 가족은 1826년에 잘츠부르크로 이주해 이런저런 과자 가게에서 일했다. 1880년에 카를 샤츠가 '샤츠 생과자 가게'를 설립했으며, 그때부터 가족경영 회사를 유지해 왔다. 이 가게는 다양한 과자를 개발해 많은 상을 받았고, 잘츠부르크 토박이들이 가장 사랑하는 과자점으로 남아 있다.

그리고 언젠가부터 가게 한쪽을 카페로 만들었는데, 작은 공간을 도무지 확장할 생각이 없는 듯 세월이 무심하게 여겨질 정도로 여전히 작고 구석지다. 몇몇 책자는 이 카페를 "잘츠부르크에서 가장 작은 카페"

로 기록하고 있다. 게다가 늘 현지 사람들로 북적대 쉽사리 자리가 나지 않는다. 역사가 깊은 만큼, 구석구석을 차지하는 테이블, 의자 등도 모두 초창기 디자인이라고 한다.

과자가 특별하면 얼마나 특별할까 싶지만 이곳 과자, 사탕, 초콜릿의 맛은 굉장히 '클래식'하다. 사실 새로울 것은 없다. 오히려 이 카페의 상징은 상자와 양철 캔으로 된 앙증맞기 짝이 없는 포장들이다. 지나가던 사람들은 발을 멈추고 과자가 아닌 포장을 하염없이 바라보며 들어갈까 말까 고민한다. 확실히 이 골목과 가게는 100년 전으로 돌아간 듯한 착각을 불러일으키기에 충분하다. 100년 전 과거 한 골목으로 들어가 길을 잃어 보는 것도 좋을 것이다.

알터 마르크트 광장 Alter Markt

잘츠부르크 구시가지를 걷다 보면 반드시 만나게 되는 직사각형의 광장이 알터 마르크트 광장이다. 구시가의 중앙에 해당하는 곳으로 이곳에서부터 북쪽의 게트라이데가세와 유덴가세가 시작되고 골트가세도 여기서 갈라져 나간다. 이름에서 알 수 있듯이 과거에 시장이 있던 자리로, 지금도 좌판 몇 개가 광장 가운데에서 장사를 하고 있어 약간이나마 시장 분위기를 낸다.

직사각 형태의 알터 마르크트 플라츠(구시장 광장)는 사면이 과거 바로크 양식 건물들로 둘러싸여 있다. 그 한가운데에 플로리아니 우물이 있다. 이곳에 있는 성 플로리안 동상은 조각가 요제프 안톤 파펭거의 1734년 작품으로 한동안 시의 중심 역할을 했다.

구시장은 13세기에 시작되었으며 한동안 이 광장은 잘츠부르크의 가

알터 마르크트 광장 · 오른편 건물이 대주교 약국이다.

장 중요한 중앙시장 겸 중앙광장의 역할을 했다. 전통 춤이나 광부들의
춤, 빵 굽는 사람들과 푸줏간 주인들의 춤, 성 요한 모닥불 축제 등 다양
한 문화행사가 이곳에서 벌어졌고 우유와 치즈 같은 낙농제품과 과일,
채소, 화훼류, 가금류까지 거래했다. 그러던 시장이 1857년부터 오늘의
대학 광장으로 옮아가, 지금은 대학 광장이 그 기능을 대신하고 있다.

　구시장 광장을 둘러싸고 있는 건물들 대부분이 유서 깊은 것들이다.
그중 알터 마르크트 6번지에 약국이 보이는데, 눈에 띄게 아름답고 고
색창연한 후기 바로크식 건물이다. 간판은 약자지만 원뜻은 '대주교약
국Alte Furst-Erzbischofliche Hofapotheke'으로 번역할 수 있다. 요즘은 보기 어려운

옛날 약국의 구조와 약병, 도구 등을 만날 수 있다. 직원들도 친절하게 맞아 준다. 안에 들어와 사진도 찍었다면 약 한 가지라도 사 가지고 나오자.

카페 토마젤리를 바라봤을 때, 오른편에는 잘츠부르크에서 가장 작은 집으로 알려진 알터 마르크트 10a번지의 집이 있다. 번지 하나도 나눠서 사용할 정도로 앞면이 좁은데, 광장 쪽 폭이 1.42미터라고 한다. 19세기 중반 도시계획에 의해 일부가 잘려 나가면서 지금과 같은 모양이 되었다. 그 후로 이 집은 직접 '이 도시에서 가장 작은 집'이라고 써 붙이고 스스로 명소가 되었다.

카페 토마젤리 Café Tomaselli

카페 토마젤리는 모든 잘츠부르크 사람들에게 그냥 "토마젤리"로 통하는 명소다. 과거나 지금이나 시민들의 사랑을 가장 많이 받는 카페이자 잘츠부르크의 '응접실'이다. 1700년에 설립되어 잘츠부르크뿐만 아니라 놀랍게도 카페의 도시인 빈을 포함하여 오스트리아에서 가장 오래된 커피하우스라는 명예를 가지고 있다.

제목부터 『토마젤리와 잘츠부르크 커피하우스의 전통』인, 역사학자 게르하르트 암머러가 쓴 책이 있다. 이 책은 토마젤리의 설립을 1703년으로 보고 있다. 처음 문을 연 당시 카페는 지금의 위치가 아니라 바로 옆의 좁은 골목인 골트가세에 있었다. 그러다가 1764년에 대주교의 법률고문이었던 안톤 슈타이거가 커피와 차를 팔 권리를 획득하고 지금의 위치에 '카페 슈타이거'를 개업했다. 슈타이거는 이 카페를 상류 부르주

아들을 위한 격조 있는 카페로 만드는 데 성공했다. 특히 음악가를 비롯한 예술계 인사들이 즐겨 찾아 카페의 명성이 공고해졌다.

얼마 후 카페는 밀라노에서 온 테너 오페라가수 주세페 토마젤리의 아들 카를 토마젤리에게 팔렸다. 카를 토마젤리는 잘츠부르크에 정착해, 아버지의 음악계 인맥을 중심으로 이곳을 모차르트, 미하엘 하이든 같은 많은 음악가들이 드나드는 장소로 만들었다. 특히 모차르트의 미망인 가족과 하이든 가족이 토마젤리와 가까운 사이였다.

에릭 에마뉘엘 슈미트의 소설 『콘스탄체 폰 니센』에는 모차르트의 미망인 콘스탄체가 재혼한 새 남편에 대한 이야기가 감동적으로 쓰여 있다. 우리는 모차르트를 사랑하지만, 그가 요절한 후에 그의 부인이 어떻게 살아갔는지는 매정하리만치 무관심하지 않았나? 그러나 그런 생각조차 이 소설을 읽고서야 하게 된다. 이 소설은 모차르트의 미망인과 결혼한 한 남자가 그녀를 통하여 모차르트의 전기를 써서, 오늘날 우리가 알고 있는 모차르트 신화를 확립한 이야기다. 그가 1820년부터 26년까지 바로 이 토마젤리의 한 방을 빌려 살았다.

카페 토마젤리는 점점 발전하여 잘츠부르크의 명소가 되었다. 커피로 시작했지만 케이크, 아이스크림으로도 알려졌다. 1859년에는 카페 건너편 작은 정원에 정자를 열었는데 이 정자는 지금도 운영되고 있다. 여름에 토마젤리와 정원을 바라보면 나타나는 초록색과 흰색의 스트라이프 차양이 모두 토마젤리가 운영하는 곳이다. 토마젤리 고유의 전통은 물론 실내의 자리에서 더 잘 느낄 수 있지만, 자리가 잘 나지 않는다. 정원이나 2층 테라스 등도 앉아 있기에 좋은 장소다.

카페 토마젤리

이미지 출처 www.tomaselli.at

토마젤리는 제2차 세계대전 후 미군이 압수했지만, 1950년 토마젤리 가족이 돌려받고 카페 이름도 되찾았다. 이런 수난사를 잘 아는 이 도시 출신의 카라얀이 페스티벌 기간이면 열심히 이곳을 약속 장소로 잡았다. 덕분에 한때 세계적인 연주자나 성악가의 모습을 볼 수 있었던 곳이 토마젤리였고, 그리하여 이곳은 모차르트 시대의 활력을 되찾게 되었다. 현재 제5대 후손이 운영하고 있으며, 어디에도 분점을 내지 않는 것을 자부심으로 여기고 있다.

토마젤리에 들어가면 우선 눈길을 끄는 것은 벽에 걸린 신문철이다. 이것은 빈 카페의 전통을 잇는 것으로, 빈에서는 카페에 으레 신문철이 있고 시민들은 신문을 읽기 위해서 매일 카페에 들른다. 그리고 또 대리석으로 상판을 만든 테이블과 가죽으로 된 소파도 있다. 이렇게 신문철, 대리석 탁자, 가죽 의자, 이 세 가지가 빈 카페의 삼총사다. 커피는 웨이터에게 주문하지만, 케이크는 따로 케이크 바구니를 들고 다니는 여성에게 주문하는 것이 토마젤리의 전통이다. 계산도 각기 따로 한다.

부드럽고 미끄러질 듯한 초록색 가죽 의자에 앉아서 차가운 대리석 위에다 노트를 펼쳐 놓고 글을 썼던 오스트리아의 수많은 저술가들을 흉내 내 보자. 물론 뜨거운 커피 한 잔을 빼놓을 수 없다. 이 집의 커피는 '그로써 브라우너'가 최고다. 커피가 쓰다면 달콤한 케이크로 마무리하자. 가장 달콤한 것을 하나 추천하라면 나는 '잘츠부르크 노케를'을 꼽겠다. 맛없으면 말고. 그래도 이곳은 잘츠부르크다.

잘츠부르크 노케를

Salzburger Nockerln

디저트

잘츠부르크를 대표하는 디저트는 '잘츠부르크 노케를'이다. 수 플레의 일종으로 달고 따뜻하고 속은 부드럽다. 달걀노른자, 버터, 우유, 바닐라를 섞은 밀가루 반죽 안에 달걀흰자로 만든 크림이 들 어간다.

잘츠부르크의 대주교였던 볼프 디트리히 폰 라이테나우의 연인 잘로메 알트가 대주교를 위해 개발했다는 속설도 있으나 확실하 지 않다. 그렇다면 볼프 디트리히 대주교는 잘츠부르크의 건물들 뿐만 아니라 음식까지도 남긴 셈이다. 이 음식은 접시 위에 세 개 의 봉우리가 서 있는 모양인데, 잘츠부르크를 둘러싸고 있는 3봉, 즉 페스퉁스베르크, 묀히스베르크, 카푸치너베르크를 상징한다고 한다. 위에 뿌려지는 설탕가루는 산봉우리에 쌓인 눈이다.

1938년에 오스트리아의 작곡가 프레트 라이몬트Fred Raymond (1900~1954)가 작곡한 오페레타 『잘츠부르크의 계절 – 잘츠부르크 노케를』에 나오는 "잘츠부르 크 노케를은 사랑만큼 달콤 하고 키스만큼 부드럽다"는 가사 덕분에 잘츠부르크 노 케를은 더욱 유명해졌다.

좀 지난 이야기지만, 지인이 "잘츠부르크를 다녀왔다"면서 초콜릿 상자를 내밀었다. 그러면서 "이게 모차르트 초콜릿인데, 잘츠부르크 가면 다 사는 거라고 해서 사 왔어요. 선생님은 이거 많이 드셔 보셨죠? 그리워하실 것 같아서 사 왔어요."라고 했다. 성의를 생각해 감사히 받았지만 어떤 표정을 지어야 할지 난감했다.

 그를 비롯한 많은 분들이 금색에 빨간색이 들어 있고 가운데에 모차르트의 얼굴이 있는 동그란 초콜릿 과자를 '모차르트 초콜릿'이라고 부른다. 그러면서 잘츠부르크, 심지어는 오스트리아(빈에서도 많이 볼 수 있다)에 가면 필수적으로 사 오는 것 같다. 하지만 잘츠부르크의 오리지널 모차르트 초콜릿 과자는 금빛에 빨간 종이가 아니라, 은빛에 파란색이 들어간 종이에 싸여 있다.

 1884년에 생과자 기술자인 파울 퓌르스트(1856~1941)는 알터 마르크트 광장 옆 부로드가세 13번지에 작은 과자점을 열었다. 그는 이미 빈, 부다페스트, 파리 등에서 장사로 상당한 경험을 쌓은 뒤였다. 그는 1890년에 독특한 동그란 과자를 만들었는데, 이것을 '퓌르스트 쿠헨', '모차르트 쿠헨' 또는 '오리지널 모차르트 잘츠부르크 쿠헨' 등으로 부르기 시작했다. 1905년 파리에서 열린 국제 무역 박람회에 출품하여 금메달을 수상하면서 널리 알려졌다. 과자는 잘츠부르크의 상징이 되어 '모차르트 쿠헨'으로

퓌르스트 쿠헨

카페 퓌르스트

알려졌고, 카페도 함께 유명해졌다.

이 과자는 설탕과 아몬드 가루를 짓이겨서 만든 마르지판을 기본으로 하는데, 안에 피스타치오와 누가 등을 넣는다. 만드는 과정이 독특하다. 원래 각각의 공 모양 과자에 나무 꼬챙이를 꽂아 만들고 마지막에 꼬챙이를 뽑은 후에 그 자국은 초콜릿으로 막아 둥근 형태를 완성한다. 지금도 퓌르스트 쿠헨은 전통 수공업 방식의 생산을 고수하고 있다.

지금은 설립자의 증손자인 마틴 퓌르스트가 대표를 맡고 있다. 그는 회사의 대표 상품을 확대하기 위해 잘츠부르크와 관련 있는 인사들의 이름을 제품에 사용하기 시작했다. 도플러 과자, 볼프 디트리히 블록, 바흐 큐브처럼 잘츠부르크의 인물을 제품에 연결하는 아이디어가 좋은 반응을 얻고 있다. 맛보다는 분위기 특히 포장이 우수하여 잘츠부르크

빈 카페
오랜 역사만큼이나 빈은 카페라고 부르는 커피하우스가 대단히 발달하여, 이곳 사람들에게 그곳은 자기 집 응접실 같은 역할을 한다. 만나서 토론하고 집필도 하면서 빈 특유의 문화를 만들어 냈다. 빈의 카페만이 가지는 전형적인 하드웨어들도 있다.
① 토네트 의자(미카엘 토네트가 디자인한 것으로, 흔히 '카페 의자'라고 부르는 나무의자다. 너도밤나무를 빈 특유의 기술로 구부려서 만든 것이다.), ② 상판이 대리석으로 된 테이블, ③ 가죽을 씌운 소파, ④ 신문철(가벼운 나무로 된 신문철로, 누구나 커피 한 잔만 시키면 하루 종일 읽을 수 있다.), ⑤ 크리스털로 된 샹들리에, ⑥ 쪽매세공으로 만든 마룻바닥, ⑦ 당구대(지금은 거의 사라졌지만), ⑧ 마지막으로, 친절하고 눈치 빠르며 경험 많은 웨이터 등이다.

를 찾는 사람들의 사랑을 받는다.

카페 퓌르스트는 과자뿐만 아니라 커피와 다른 케이크도 맛볼 수 있는 전형적인 빈 스타일 카페로, 다만 좁은 것이 흠이다. 여름에는 카페 앞 광장에 테이블을 놓지만, 겨울에는 2층의 작은 공간에만 앉을 수 있는 곳을 마련한다. 2층 창가에 앉으면 광장 너머 건너편으로 카페 토마젤리가 마주 보여서 잘츠부르크의 명당의 하나로 여겨진다. 지금은 본점 외에 미라벨 광장 건너편 미라벨 플라츠 5번지에 카페를 하나 더 냈다. 테이블 없이 쿠헨을 팔기만 하는 곳까지 포함하면 시내에만 네 군데 점포가 있다.

아우가르텐 Augarten

알터 마르크트 광장 11번지에 그릇과 인형으로 쇼윈도를 장식하고 있는 단아한 가게가 보인다. 아우가르텐 도자기 가게로, 공장을 제외하고는 오스트리아 전국에서 두 곳밖에 없는 가게 중 하나다. 독일의 마이센 도자기에 맞서는 오스트리아를 대표하는 최고 품질의 도자기가 아우가르텐이다. 오스트리아 황실에서 사용하던 것으로 빈 회의에 참석한 각국 대표단의 입소문으로 널리 알려졌다.

안에 들어가면 그릇보다 먼저 피겨린들이 눈에 들어온다. 아우가르텐은 도자기로 만든 꽃병이나 장식품 그리고 사람 모형의 피겨린도 유명하다. 특히 잘츠부르크의 매장은 이곳 특성에 맞게 모차르트 같은 음악가들이나 파파게노 같은 오페라 등장인물의 피겨린을 많이 갖추고 있다. 아우가르텐은 꽃무늬 그릇과 금박 그릇이 유명하다. 특히 초록색 장미 문양 '마리아 테레지아'가 인기가 높다.

잘츠부르크에는 좋은 식당이 많지만, 관광객들 눈에는 잘 띄지 않는다. 간혹 잘츠부르크에 오면 당연히 오스트리아나 심지어는 독일 음식을 먹어야 한다는 선입관을 가진 분들을 위해 뛰어난 이탈리아 식당을 권해 드린다. 100년 전만 해도 잘츠부르크와 베네치아, 베로나는 한 나라였다. 지금도 잘츠부르크에서 이탈리아로 가기가 쉽다. 그러니 이곳에 좋은 이탈리아 식당이 없을 리 없다.

잘츠부르크 최고의 이탈리아 식당이라고 할 만한 곳이 '팡 에 뱅'이다. 몬히슈타인 절벽 속으로 들어가 있는 식당은 '대체 이런 곳에 식당이 있을까?' 하는 의심을 품고 이곳까지 오게 만든다. 첫 한 입이 입안에 들어올 때까지 의구심을 떨칠 수 없을지도 모른다. 그러나 절벽을 뚫고 들어간 바위 속에서 돌을 머리에 이고, 600년 된 장소에서 하는 식사는 평생 잊을 수 없는 경험을 선사할 것이다.

최근에 식당 안에 '아추로'라는 세컨드 레스토랑을 오픈했다. 셰프인 유르겐 부르스타이너는 생선을 재료로 지중해식 요리를 만든다고 하지만, 사실 이것들이 진짜 이탈리아 요리다. 특히 파스타 솜씨는 이 도시에서 제일이다.

유덴가세 Judengasse

구시가의 매력적인 골목 가운데 하나가 유덴가세다. 게트라이데가세가 끝나는 마르크트 플라츠에서 게트라이데가세의 반대 방향으로 난 골목이다. 이 골목은 모차르트 플라츠 방면으로, 더 정확히는 바크 플라츠 Waagplatz까지 이어진다.

이 골목은 초승달 모양으로 휘어졌는데, 좁은 데다 양편으로 높은 건물이 들어서 있어 거의 햇빛이 들지 않는다. 하지만 아기자기하고 예쁜 가게들이 양편으로 줄지어 서 있는 매력적인 길이다. 마치 중세의 골목으로 들어온 듯한 착각에 빠져들게 한다.

유덴가세에 있는 상점들에 들어가 보면, 대개 1층은 층고가 높고 둥근 모양을 하고 있다. 유서 깊은 건물들이 많고 들어가 볼 만한 가치가 있는 가게들도 많다. 오래된 건물을 이용한 호텔들로는 호텔 춤 모렌Zum Mohren, 호텔 황금 오리Goldene Ente, 호텔 알트슈타트 등이 대표적이다. 15세기까지 이 거리에는 유대인이 많이 살았다고 하는데, 15번지는 유대교 회당이었다. 곳곳에서 유대인의 흔적을 발견할 수 있다.

호텔 알트슈타트 Hotel Altstadt

이 골목에서 눈에 띄는 건물이 호텔 알트슈타트다. 호텔이니 편하게 들어가 볼 수도 있다. 전통적인 건물 속에 자리 잡은 넓고 안락한 침실은 중세와 현대가 조화되어 있다. 구시가 한복판에서 편하게 묵고 싶은 분에게 추천하고 싶은 좋은 숙소다.

이 호텔은 두어 개의 건물을 이어 붙였기 때문에, 구조가 복잡하지만 그것이 매력이다. 지금은 호텔이지만 애초 '횔브로이Höllbräu'라는 이름의 양조장이었다. 또한 한쪽 벽은 잘자흐강 쪽으로 세워진 도시의 성벽이기도 했다. 그래서 적의 방어와 양조라는 두 가지 형태를 가진 건물이다. 양조장 부분은 양조시설뿐 아니라 지하의 큰 물탱크, 맥아 등 곡식을 보관하던 곳간과 마구간 등의 구조가 남아 있다. 1900년경에 횔브로이 맥주는 유명세를 타고 시내 여러 식당과 술집에 보급되었다.

골트가세 Goldgasse

알터 마르크트(구시장 광장)에서 레지덴츠 플라츠 쪽으로 초승달 모양으로 휘어진 길이 골트가세다. 앞의 유덴가세보다도 한 블록 앞쪽에서 유덴가세와 나란히 가면서 함께 휘어진다. 골트가세는 역사적인 건물과 유서 깊은 가게가 많아서, 잘츠부르크 문화유산 지구의 핵심이라고 할 수 있다. 요즘은 길 입구와 출구 양편에 '골트가세'라고 쓴 휘장을 걸어 놓아 찾기가 쉽다. 이곳에 금세공 장인들과 가게들이 점점 모여들어서 언젠가부터 '황금골목' 즉 골트가세가 되었다고 한다.

지금 이곳에는 골동품, 의상, 모자, 그림, 가죽, 안경, 액세서리 등 다양한 가게들이 즐비하다. 그중 5번지는 잘츠부르크 최초의 커피하우스가 있던 역사적인 곳이다. 이것이 알터 마르크트 광장으로 옮겨 지금의 '카페 토마젤리'가 되었다. 그 외 7번지의 슈포러하우스, 14번지의 와이어드로잉하우스, 15번지의 골트슈미트하우스, 16번지의 글라세러하우스 등이 유명하다. 10번지의 건물은 과거 대장간이었는데, 지금은 '호텔 골트가세'가 되었다. 17번지는 '호텔 암 돔'이다.

호텔 암 돔 Hotel am Dom

호텔 암 돔은 이름처럼 돔, 즉 대성당에서 아주 가깝다. 호텔에서 홍보하는 바로는 150미터라고 하는데, 그보다 가까울지도 모른다. 하지만 이 호텔은 대성당보다도 더욱 좋은 위치에 있으니, 바로 골트가세에 있다는 점이다. 고색창연한 길에 호텔이 있어 관광객들은 호텔 문 앞에만 나가도 멋진 중세풍의 가게들로 둘러싸이게 된다.

호텔은 14세기 건물이다. 하지만 2009년에 완전히 새롭게 단장해, 부티크 호텔이라는 이름을 달았다. 그러므로 낡았다는 느낌 대신에 아름답다는 기분이 들 것이다. 일부 방은 좁지만, 등급이 높은 방은 안락하다. 방은 15개뿐이다.

잘츠부르크 미술관 Salzburg Museum

레지덴츠 광장 옆에 모차르트 광장이 있는데, 이 두 개의 사각형 광장은 꼭짓점으로 서로 연결돼 있다. 모차르트 광장의 잘 알려진 '모차르트 입상' 앞에는 사진을 찍는 관광객이 끊이지 않는다. 그런 모차르트 광장과 레지덴츠 광장 사이에 있는 큰 흰색 건물이 '잘츠부르크 미술관'

이다. 원래 이곳은 '노이에 레지덴츠' 즉 '신新레지덴츠 궁전'으로 불렸다. 물론 지금도 건물의 명칭은 그대로지만, 2005년부터 잘츠부르크 뮤지엄이 이곳으로 옮겨와 '잘츠부르크 미술관'으로 더 잘 통한다.

이 건물은 유명한 볼프 디트리히 폰 라이테나우 대주교에 의해 건설되었다. 이미 지금 레지덴츠 궁전으로 불리는 궁전을 거처로 가지고 있던 대주교가 레지덴츠 궁 건너편,

잘츠부르크 미술관

즉 대성당 뒤쪽으로 레지덴츠를 한 채 더 짓기로 한 것은 그의 친지들이 묵을 숙소가 필요해서였다. 이곳은 대주교를 찾아온 여러 공식·비공식 방문객의 객사客舍로도 활용되었다. 도시가 세속화한 후로는 잘츠부르크를 방문하는 외국의 대표나 사절들을 위한 영빈관의 기능을 했다.

잘츠부르크 뮤지엄은 애초 1834년에 건립되었다. 나폴레옹 전쟁 때의 여러 가지 물건을 전시하기 위해서였다. 1848년 이후로 지금까지 잘츠부르크시의 공식적인 시립박물관으로 이용하고 있다.

여러 가지 물건이 잡다博物하게 섞여 있었지만 1923년에 일종의 자연사 박물관이라고 할 수 있는 '자연의 집Haus de Natur'이 시내에 개관하자 자연과 인류사적인 물건들을 그곳으로 옮겼다. 민속학적 물건들은 1924년에 헬브룬 궁전 안에 있는 '모나츠슐뢰슬Monatsschlössl'로 옮겼다. 그리하여 이곳에는 더욱 순수미술 작품들만 남게 되었다. 제2차 세계대전 때 연합군의 폭격으로 건물은 파괴되고 벙커로 옮겨 둔 일부 소장품만 살아남았다.

1967년에 새로운 건물을 짓게 되었으며, 주변에 몇 개의 작은 박물관들이 세워져 각 건물들의 분야가 더욱 세분되었다. 1974년 '대성당 해체 박물관Domgrabungsmuseum', 1978년에 '장난감 박물관Spielzeugmuseum', 2000년에 '요새 박물관Festungsmuseum' 등이 개관했다. 2005년에 잘츠부르크 뮤지엄이 이 '노이에 레지덴츠' 건물로 이주하여 재개관했다.

올라가는 길이 쉽지 않다. 처음 이곳을 오를 때 갑자기 눈이 쏟아져서 미끄러질까 봐 난간을 붙잡고 천천히 올라갔던 기억이 있다. 하지만 한 계단을 오를 때마다 그야말로 단계적으로 변화하면서 펼쳐지는 잘자흐 강의 겨울 풍경이 무척 인상적이었다. 이윽고 계단이 끝나고 그 위에 사람을 거부하는 듯 문이 잠긴 큰 수녀원이 나타났다. 육중한 문을 밀어 보지만 열리지 않는다. 붉은색의 지붕이 엄숙하게 서 있다.

논베르크 수녀원은 구시가의 중심에서는 약간 떨어져 있지만, 호엔잘츠부르크 성의 남쪽 기슭에 있다. 대부분의 지붕이 검거나 청록색인 잘츠부르크 시내에서 거의 유일하게 붉은색 지붕을 하고 있어서 멀리서도 눈에 띈다. 715년에 루페르트 주교 시절 베네딕트회에서 건립한 수녀원으로, 전 세계 독일어권에서 가장 오래된 수녀원이다. 수녀원은 과거 로마 요새의 폐허에 세워졌다. 애초 건물은 화재로 대부분 소실되고 교회는 재건축되었다. 이후 몇 번의 재건 끝에 탄생한 수녀원은 그런 이유로 여러 양식이 혼재해 있다. 지금의 바로크 양식 부분은 1880년대의 것이다.

이곳은 역대 상류층 여성들이 수녀가 되기 위해서 찾던 곳이자 정치범들이 탄압을 피해 몸을 숨긴 곳이기도 하다. 지금도 유럽에서 가장 유명한 정치적 망명지로 꼽히는데 아직도 경찰의 출입을 금지하기 때문이다. 이 수녀원은 2006년 '오스트리아의 위대한 수도원' 기념주화 시리즈를 제작할 때 첫 번째 대상으로 선정될 만큼 오스트리아를 상징하는 곳이다.

하지만 이 수녀원이 세계적으로 유명해진 것은 영화 『사운드 오브 뮤

논베르크 수녀원

직』에서 주인공 마리아가 이 수녀원의 견습 수녀로 등장하고부터다. 마리아가 수녀원 뒤의 높은 언덕에서 자연을 만끽하며 혼자 노래를 부르다가 집합 시간에 늦어 원장 수녀에게 혼나는 영화의 첫 장면을 이곳에서 촬영했다.

잘자흐강 동쪽 지역

카페 베른바허

호텔 쉐라톤 그랜드

미라벨 궁전

미라벨 정원

로팍 갤러리

모차르테움 대학

무궁화

모차르테움 강당

호텔 브리스톨

삼위일체 성당

란데스 테아터

마카르트 광장

피델렌 아펜

카라얀 생가

도플러 생가

모차르트의 집

마이리세

호텔 자허

카페 자허

프란치스키 성

카페 바자르

호텔 슈타인

마카르트 다리

슈타츠 다리

잘자흐강 동쪽 지역

호텔 자허 Hotel Sacher Salzburg

잘자흐강은 구시가와 신시가의 사이를 흐르고 있어서, 이 강의 서안
에 서서 동안을 바라보면 양안을 이어 주는 보행자 전용 다리가 한눈에
들어온다. 콘크리트와 철강으로 만들었는데, 관광객들이 무분별하게 매
달아 놓은 자물쇠들로 난간이 휠 지경인 다리가 바로 '마카르트 다리'다.

마카르트 다리 중간에 서서 사방을 둘러보면 잘츠부르크 시내의 윤
곽이 눈에 들어온다. 강 건너편 동안에 보이는 가장 큰 건물, 즉 마카르
트 다리 건너 바로 오른쪽에 가로로 긴 5층 정도의 건물이 눈에 띈다. 건
물 위에 '호텔 자허 잘츠부르크'라고 크게 적혀 있다. 잘자흐강을 건너
오갈 때 이정표가 되어 주는 건물이다.

잘츠부르크 도심에서 150년 동안이나 이 도시의 대표 자격으로 자리
를 지켜온 곳이 호텔 자허 잘츠부르크다. 호텔리어였던 카를 프라이허
에 의해 오스트리아 코트 호텔Austrian Court Hotel이라는 이름으로 1866년
에 건립되었다. 호텔의 역사는 빈의 호텔 자허 빈보다도 오래되었다. 그
리고 이름이 곧 호텔 자허로 바뀌었는데, 호텔 자허는 초창기부터 손님

호텔 자허

의 신분을 제한하는 정책으로 이름을 날린 곳이다. 이 정책으로 지탄을 받기도 했지만, 19세기 말 당시 제국의 향수를 자극하는 마케팅을 제대로 활용한 것은 사실이다.

그러다가 1920년에 페스티벌이 열리면서, 이 호텔은 사교의 중심으로 자리 잡게 되었다. 잘츠부르크 페스티벌을 창설한 대표적 예술가들인 작가 후고 폰 호프만슈탈, 연출가 막스 라인하르트, 작곡가 리하르트 슈트라우스 등이 페스티벌 기간 내내 호텔 자허를 근거지로 삼으면서, 이 호텔이 도시의 여름을 주도하는 지휘소이자 이 기간 동안 유럽 문화의 최첨단 기지가 되었다. 호텔을 운영하던 자허 가문의 며느리 안나 자허가 사망하고, 1930년대에 호텔은 귀르틀러 가문에 넘어갔다.

호텔은 시설 면에서 결코 첨단이 아니다. 부대시설도 적고 객실도 좁

은 편이다. 하지만 여전히 전통 인테리어에, 자동화 시설보다는 많은 스
태프들의 인력으로 서비스하는 유럽의 고급 전통 호텔의 면모를 고수하
고 있다. 호텔의 현관문도 자동이 아니라 전통 앞치마를 두른 나이 지긋
한 도어맨들이 문 앞을 지키고 있고, 어린 호텔 보이들이 로비에 도열해
있는 식이다.

자허의 장점은 잘자흐강 가에 있다는 것이다. 아침마다 강을 바라보
면서 식사를 할 수 있으며, 호텔에서 아름다운 구시가와 호엔잘츠부르
크 성의 위용을 바라볼 수 있는 점은 다른 호텔이 따라올 수 없는 강점
이다. 식당의 음식 맛도 뛰어나고 밤에 열리는 바의 분위기도 좋다. 과
거의 명성에는 미치지 못할지 모르지만, 페스티벌 기간이 되면 여전히
명사들이나 연주가들이 즐겨 찾는다. 호텔 바에서 체칠리아 바르톨리를
만난다든지, 좁은 엘리베이터 안에서 플라시도 도밍고와 조우한다든지,
로비에서 마리스 얀손스가 인터뷰를 하고 있다든지 하는 것은 이 호텔
에서는 전혀 새삼스러운 일이 아니다.

카페 자허 Café Sacher Salzburg

호텔 자허 1층에 빈의 대표적
인 빈 스타일 카페인 유명한 '카
페 자허'와 같은 이름의 '카페
자허 잘츠부르크'가 자리하고
있다. 자주색을 기본으로 하는
인테리어와 가구, 그리고 신문
철 모양의 메뉴판과 메뉴의 내

카페 자허

용까지도 빈의 자허와 똑같다.

특히 이곳의 유명한 케이크인 '자허 토르테'는 한번쯤 맛볼 만하다. 카페 자허의 커피는 토마젤리나 바자르와는 또 다른 독특함을 지니고 있다. 그리고 카페지만, 다양한 식사를 할 수도 있다. 그중에서 카페 자허만의 자랑인 부르스트 자허(자허 소시지)와 샌드위치, 그리고 빈 스타일의 커틀릿 등이 아주 뛰어나다. 길을 걷다 지쳤을 때, 잠시 우아하게 휴식을 취하기에는 최적의 장소다. 카페에서는 강이 보이지 않는다.

카페 바자르 Café Bazar

페스티벌하우스가 있는 잘자흐강의 서안에서 동안에 늘어선 건물들을 바라보면, 한가운데에 호텔 자허가 누워 있다. 그리고 그 오른쪽으로 규모는 좀 작지만 어쩌면 호텔 자허보다 더 아름답고 정성 들여 가꾼 지붕이 있는 바로크 양식의 건물이 보인다. 이곳에 '카페 바자르'가 있다.

이른바 '바자르 빌딩'은 1882년에 다양한 상업적 공간을 제공할 목적으로 지어졌다. 이곳에 미술품 가게, 악기 가게, 의상실, 미용실 등이 입점했다. 1906년에는 오스트리아에서 가장 오랜 역사를 가진 은행인 슈팽글러 은행이 들어와서 지금도 건물 한편을 지키고 있다. 바자르 빌딩에서 강 쪽의 가장 좋은 명당자리는 처음에 요한 그라이플이 소유했는데, 그는 건물이 문을 연 1882년부터 이곳에 카페를 열었다. 1909년에 리하르트 토마젤리가 카페를 인수하고, 그의 자손이 이어받았다. 거의 100년이 흘러 2003년에 토마젤리 가문의 마지막 주인이었던 베라 토마젤리가 에블린 브란트슈태터에게 카페를 넘겼다.

예로부터 바자르에는 많은 예술가와 작가가 방문했고, 페스티벌에 참

카페 바자르

가한 인사들 역시 바자르를 즐겨 찾았다. 또한 독서모임이나 낭독회 등도 개최되었다. 슈테판 츠바이크, 후고 폰 호프만슈탈, 막스 라인하르트, 테오도르 헤르츨, 아르투로 토스카니니 등은 여름 내내 매일 바자르에 모습을 드러냈다고 한다. 그 외에 프란츠 레하르, 알마 자이들러, 소설가 토마스 만, 토마스 베른하르트, 배우 마를렌 디트리히, 그레타 가르보 등도 즐겨 찾았다.

잘츠부르크 사람들은 카페 바자르를 잘츠부르크의 '귀부인Dame'이라고 부른다. 토마젤리에 줄을 서서 빈자리를 찾는 많은 관광객은 겨우 자리가 나더라도 여유 있게 커피를 즐기기보다는 얼른 마시고 사진 찍고 일어나려고 한다. 반면 바자르의 손님들은 이곳에서 느긋하게 아침을 먹고, 이곳에서 처음 만난 이들과 여유롭게 대화를 하고, 100년 된 레시피의 커피를 즐긴다. 당신이 여행 고수이거나 예술 애호가라면 카페 바자르를 찾아야 할 것이다.

세기말 빈의 카페는 단순히 커피를 마시는 곳이 아니었다. 카페는 지적인 삶에 필요불가결한 장소였다. 마치 오늘날의 극장이나 박물관 또는 도서관의 역할을 한 셈이다. 그런 점에서 카페 바자르야말로 이런 카페 문화가 오랫동안, 심지어는 2000년대에 들어서도, 아니면 운이 좋다면 당신이 방문하는 그날까지도 가장 잘 유지되는 곳 중의 하나일 것이다.

이곳에 이런 글이 적혀 있다. '지금 여기는 멜랑주(빈의 전통 밀크커피)보다도 카푸치노(국제적으로 보편화한 밀크커피)의 주문이 더 많지만, 그래도 카페 바자르는 영원히 바자르다.'

카라얀 생가 Karajan Geburtshaus

　시내 한복판을 가로지르는 보행자 전용 다리인 마카르트 다리를 서쪽에서 동쪽으로 건너다 보면, 다리 오른편에 앞서 얘기한 호텔 자허가 있다. 그 왼편으로는 간판이 없는, 거의 정사각형에 가까운 단정한 4층 건물이 있다. 그 건물 앞에 있는 작은 정원 속에 동상이 하나 있다. 체코슬로바키아 출신의 조각가 안나 크롬미가 만든 카라얀의 청동상이다. 이 건물이 카라얀의 생가다.

　잘츠부르크 태생의 가장 유명한 음악가는 당연히 모차르트지만, 그 다음으로 유명한 음악가가 있다면 헤르베르트 폰 카라얀일 것이다. 카라얀의 아버지는 이 지역의 존경받는 외과 의사였으며, 대단한 음악 애호가였다. 카라얀과 그의 형은 어려서부터 음악교육을 받았으며, 형제는 아버지의 손님들을 상대로 주말마다 집에서 가족음악회를 열곤 했다. 어린 카라얀은 모차르테움 음악원에 진학했는데, 집에서 모차르테

움 입구까지는 1분도 걸리지 않았으니, 그는 바로 학교 앞에 살았던 것이다. 카라얀은 열여덟 살에 모차르테움을 졸업하고 빈으로 떠난다. 지금 생가는 매각되어 1층은 은행으로 쓰이고, 2층 이상은 사유지라 공개되지 않는다.

카라얀 생가

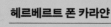

헤르베르트 폰 카라얀

Herbert von Karajan, 1908~1989

인물

역사상 가장 많은 영향력을 남긴 지휘자 가운데 한 명이며, 또한 잘츠부르크 페스티벌이 오늘날의 성과를 낼 수 있도록 지대한 공헌을 한 카라얀은 1908년 잘츠부르크에서 태어났다.

"
누구나 욕하지만
아무도 흉내 낼 수 없는
"

어려서부터 음악교육을 받은 카라얀은 모차르테움에서 피아노와 작곡, 음악이론 등을 공부했다. 그는 열여덟 살에 빈으로 유학을 떠났다. 지휘자가 된 카라얀이 처음으로 지휘를 한 곳은 고향 잘츠부르크였다. 카라얀은 1929년 잘츠부르크 모차르테움 오케스트라를 지휘함으로써 오랜 지휘 인생을 시작했다. 결국 카라얀은 빈 국립 오페라극장, 밀라노 라 스칼라 극장, 필하모니아 오케스트라, 베를린 필하모닉 오케스트라의 음악감독에 차례로 취임했다. 그는 많을 때는 서너 개의 악단과 극장의 책임자를 겸하기도 했다. 요즘은 그런 일이 흔하지만, 그는 그렇게 여러 직책을 수행하기 위해 제트기를 타고 이동한 최초의 음악가였다. 특히 베를린 필하모닉 오케스트라의 지휘자로서 30년 이상 재임하면서 이 악단과 함께 많은 녹음을 남겼고, 이것은 엄청난 판매로 이어졌다.

카라얀은 1956년에 그가 태어난 잘츠부르크 페스티벌의 감독 직을 제의받게 된다. 이미 전 세계를 지배한 그에게 고향의 작은 자리는 중요하지 않을 수도 있었지만, 그는 기꺼이 수락했다. 잘츠부르크로 돌아온 그는 이곳 페스티벌의 환경이 열악한 것을 보고는 대대적으로 공연장 건축을 시작했다. 그 일을 추진하고 예산을 확보할 수 있었던 것이야말로 카라얀의 능력이었을지 모른다. 카라얀은 홀츠마이스터로 하여금 대축제극장을 짓게 하여, 세계에서 가장 큰 극장이 산속 작은 도시에 만들어졌다. 이 극장은 가장 티켓을 구하기 어렵고 티켓 가격도 비싼 극장이 되었다. 세계의 음악 애호가들은 이곳 객석에 앉아 보는 것이 소망이요, 젊은 음악가들은 이 무대에 서 보는 것이 꿈이다. 잘츠부르크 페스티벌의 명성과 위상은 카라얀 시절에 더욱더 높아졌다. 카라얀은 1967년 '잘츠부르크 부활절 페스티벌'을 만들어서 여름에만 열리던 페스티벌을 봄까지 확장했다. 잘츠부르크 여름 페스티벌은 빈 필하모닉 오케스트라가 메인 오케스트라(호스트 오케스트라)로 참여하고 있었지만, 카라얀에 의해서 부활절 페스티벌에는 베를린 필하모닉 오케스트라가 메인 악단으로 참여하게 되었다.

　　카라얀은 1989년 7월 페스티벌을 앞두고 오페라『가면무도회』를 연습하는 동안 심장마비로 사망했다. 그 후 그의 미망인은 2005년 '엘리에테와 헤르베르트 폰 카라얀 연구소'를 설립했다.

도플러 생가 Doppler Geburtshaus

한스 마카르트 광장 9번지, 즉 주립 극장(란데스 테아터) 건너편 건물 2층은 세계적으로 저명한 물리학자 크리스티안 요한 도플러Christian Johann Doppler(1803~1853)가 태어난 곳이다. 그는 잘츠부르크 대학에서 철학을 공부하고 이어 빈 대학에서 수학과 물리학을 전공했다. 그 후 프라하로 가서 1841년 프라하 국립 공대의 교수가 되었다. 그는 1842년에 저서 『이중성의 착색 광선에 관하여』를 출간해 유명한 '도플러 효과'를 세상에 발표했다. 그 후로도 이곳에서 수학, 물리학 등의 분야에서 50편 이

도플러 생가

상의 논문을 발표했다.

도플러는 1853년에 당시는 아직 오스트리아 제국의 영토였던 베네치아에서 마흔아홉이라는 아까운 나이에 폐질환으로 사망했다. 그의 무덤은 베네치아의 산미켈레 묘지에 있다. 그의 생가 앞에는 '도플러가 태어난 집'이라는 현판이 붙어 있고, 도플러 연구 기념 협회가 그 집에 들어 있다.

마이리셰 Mayrische

미라벨 공원에서 마카르트 광장 쪽으로 나오면 마카르트 광장 건너편에 눈에 잘 띄지 않는 길인 테아터가세가 있는데, 그곳에 음악 애호가라면 매력적으로 느낄 가게 마이리셰가 있다. 정식 명칭은 'Mayrische Buch, Kunst und Musikalienhandlung Gesellschaft m.b.H.'인데 '마이리셰 서적, 문화 및 음악 서점 주식회사' 정도로 번역이 될까?

마이리셰

큼지막한 윈도가 있고, 그 앞에 상자를 내놓았다. 안에는 할인 판매하는 책이나 악보, 음반 등이 들어 있을 것이다. 그 세 가지 물건은 이 집의 정체성을 말해 준다. 즉, 이 가게는 음악에 관련된 책과 악보와 음반을 판다. 하지만 가장 중요한 것은 악보로, 악보 컬렉션 수준이 상당하다. 한마디로 클래식 음악계에서 실제로 공연되는 악보는 거의 다 비치하고 있는데, 혹 없더라도 부탁하면 어지간한 것은 구해 준다. 주문하고 며칠 뒤에 와도 되고, 배송료를 주면 부쳐 줄지도 모른다. 일단 가게에 들어가면 많은 책과 음반과 DVD가 눈길을 끈다. 역시 페스티벌 프로그램 목록에 올라 있는 곡들이 확연하게 많다. 이곳의 또 다른 특징은 귀한 음악 서적들이 많다는 것이다. 다만 대부분 독일어로 되어 있는 것이 아쉽다.

그러나 이 가게의 진면목은 지하에 있다. 악보를 읽지 못하거나 악보를 살 계획이 없더라도 지하에 내려가서 어떤 곡들이 있고 어떤 악보들이 있는지 둘러보기 바란다. 그리고 아는 곡이 있다면 악보를 펼쳐 보라. 교향곡이나 오페라의 지휘자용 악보를 처음 보는 사람도 있을 것이다. 이 모든 것이 다 소중한 경험이다. 바로 옆에 있는 모차르테움 대학의 교수나 학생들도 이곳을 많이 찾으므로, 여기 있는 곡들이 유럽의 음악 중심부에서 자주 공연되는 곡목이라고 보면 틀림없다. 지휘자용 교향곡 총보부터 오페라 전곡 악보, 학생용 악보, 감상자용 작은 악보까지 고루 갖추고 있다. 때로는 유명한 작곡가의 필사본을 사진으로 찍은 특별판본도 볼 수 있다.

기념으로 악보를 하나 사서 공연 전에 악보를 찬찬히 훑어보는 것은 어떨까? 분명히 그동안 들리지 않던 소리가 들릴 것이다.

마카르트 광장 Makartplatz

    모차르트가 살던 집과 도플러의 집과 주립 극장과 호텔 브리스톨이 둘러싸고 있는 길쭉한 광장이 마카르트 광장이다. 자세히 보면 그곳에 뛰어난 현대미술 조각 몇 개가 설치되어 있다. 몇 개는 영구적인 것이지만, 눈에 확 띄는 것이 있다면 혹 그해 페스티벌과 관련된 임시 전시물일 수 있다. 이 광장을 마카르트 광장이라고 부르는 이유는 오스트리아 역사상 가장 중요한 화가의 한 사람인 한스 마카르트가 잘츠부르크에서 태어났기 때문이다.

마카르트 광장 · 정면에 보이는 분홍색 건물이 모차르트의 집이다.

한스 마카르트
Hans Makart, 1840~1884

인물

　한스 마카르트는 처절한 노력으로 일가를 이룬 인간승리의 전형적인 인물이다. 미라벨 궁전의 시종장이었던 아버지는 어려서부터 그림에 재능을 보인 그를 열 살 때 빈으로 보내 빈 미술 아카데미에서 수련하게 했다. 그런 그의 성장은 같은 잘츠부르크 출신으로 아들을 최고의 음악가로 키웠던 궁정악장 출신 아버지와 아들인 모차르트 부자에 비견된다. 빈 아카데미의 미술 기법을 마스터한 마카르트는 그것을 뛰어넘고자 보다 자유로운 뮌헨으로 가서 전통에 생명력을 불어넣는 회화 세계를 구축했다. 마카르트가 뮌헨에서 명성을 쌓자, 그 소문을 들은 빈의 황제가 그를 초청했다.

　마카르트는 황실에서 주선해 준 빈의 옛 공장 건물을 아틀리에로 꾸며 작업했다. 그는 그림은 물론이고 그림 속 모델들의 뒤편을 장식하는 가구나 소품을 직접 제작할 정도로 장식미술에 관심이 많았고, 그가 꾸민 아틀리에는 빈의 예술가들과 지식인들이 모이는 살롱이 되었다. 당시에 링 슈트라세가 건설되면서 불기 시작한 빈의 건설 붐은 마카르트의 거실과 작업실의 모습과 장식을 모방하는 계기가 되었고, 이른바 '마카르트슈틸Makartstil'이라고 부르는 마카르트 스타일이 자리 잡게 되었다. 이렇게 회화를 뛰어넘어 전방위적으로 구현된 마카르트식의 총체미술은 구스타프 클림트에게 큰 영향을 끼쳤으며, 마카르트슈틸은 빈 분리파의 탄생에 거름이 되었다. 마카르트는 1879년에 빈 미술 아카데미의 교수가 되었고 황제의 신임을 한 몸에 받았다. 하지만 그는 1884년 한창 일할 50대 중반의 나이에 갑작스레 세상을 떠나고 말았다.

"
잘츠부르크가 낳은
가장 자랑스러운 화가
"

마카르트는 부인들의 초상이나 신화 속 여성의 그림을 많이 남겼다. 그중에서도 최고 걸작은 「바쿠스와 아리아드네」인데, 연인이 버린 여성을 인간 대신 신(바쿠스)이 거둔다는 감동적인 내용을 대형 화면에 배치한 것이다. 그 외에 인간의 다섯 가지 감각을 다섯 개의 캔버스에 그린 「오감五感」이 유명하다. 이것들은 모두 빈의 벨베데레 미술관에 있다.

그의 걸작들은 빈에 많지만, 잘츠부르크 박물관 등에도 그의 작품들이 보존되어 있다. 잘츠부르크 동안에 있는 중앙광장은 잘츠부르크가 배출한 자랑스러운 미술가를 기리는 의미에서 마카르트 광장으로 명명되었으며, 그 광장에서 잘자흐강을 건너 구시가로 들어가는 보행자 전용 다리도 마카르트 다리로 불린다.

모차르트의 집 Mozart Wohnhaus

많은 사람들이 게트라이데가세에 있는 모차르트의 생가만 보고 돌아서지만, 잘츠부르크에는 모차르트의 집이 하나 더 있다. 바로 마카르트 광장에 있는 '모차르트의 집'이다.

게트라이데가세 9번지에 있는 모차르트 생가에서 모차르트 가족은 1773년까지만 살았다. 그리고 잘자흐강 건너편 마카르트 광장 8번지의 이 집으로 이사한다. 게트라이데가세에서 살면서 모차르트를 유명하게 만든 아버지 레오폴트는 점점 게트라이데가세의 집이 좁다고 느꼈다. 그래서 그는 2층에만 방이 여덟 개가 있는 넓은 새집을 구한다. 그들은 여기서 1773년부터 1787년까지 거주하는데, 이곳을 '모차르트 본하우스'라고 부른다. 직역하면 '모차르트의 거주지'라는 말인데, 그냥 '모차르트의 집'으로 통한다.

© Tourismus Salzburg

모차르트의 집

모차르트 가족이 이사 오기 전까지 이 집은 '무용 선생의 집Tanzmeister haus'이라는 별명으로 불렸다. 로렌츠 슈푀크너라는 사람이 이곳에서 댄스 교습소를 운영하면서 무도회를 준비하는 귀족들을 상대로 무용 수업을 했기 때문에 붙은 이름으로, 요즘도 간혹 이렇게 불리곤 한다.

이 집에서 모차르트의 어머니가 1778년에 돌아가셨다. 1781년부터 모차르트는 빈으로 활동 근거지를 옮긴다. 모차르트의 누나 마리아 안나는 1784년에 이 집에서 결혼하여 출가한다. 아버지 레오폴트만이 남아서 집을 지키다가, 1787년에 이 집에서 사망한다.

그 후로 여러 사람이 이 집을 거쳐 간다. 제2차 세계대전 당시 이 집은 폭격으로 대부분 파괴되었고, 남아 있는 건물을 국제 모차르트 재단에서 사들였다. 그리하여 1996년에 다시 모차르트 시대의 모습으로 재현해 놓았다. 지금은 박물관으로 개관했으며, 안에 모차르트의 피아노를 비롯하여 악보와 서류 등의 원본과 초상화가 있다. 카페와 기념품 가게도 있다.

호텔 브리스톨 Hôtel Bristol Salzburg

호텔 브리스톨 잘츠부르크는 마카르트 광장에 자리 잡고 있다. 뒤편으로 미라벨 정원을 향하고 있어, 아침 산책을 즐기려는 사람에게는 최적의 장소다. 마카르트 광장은 자동차가 도는 로터리 같은 모양이지만 사실상 번잡하거나 시끄러운 곳은 아니다. 뿐만 아니라 건너편이 바로 모차르트의 집이다.

1890년에 지어져 130년의 역사를 자랑하는 고색창연한 건물이다. 호텔 브리스톨은 지적의 호텔 자허와 원하든 원하지 않든 비교될 수밖에 없는 위치에 있는데, 자허의 화려한 로비에 비해 이곳의 로비는 소박하다. 조용하지만 고급 호텔 로비치고는 좁고 어두운 것이 단점이다. 고급 호텔이라기보다는 가정집에 들어온 것 같은 편안함을 준다. 객실은 모두 옛날식으로 되어 있는데, 최근에 객실을 새롭게 단장했다고 한다.

모차르테움 Mozarteum

잘츠부르크를 음악의 도시라고 할 때, 그 근간을 이루는 것이 '모차르테움'이라고 부르는 기관이자 건물이다. 음악 팬이라면 귀에 딱지가 앉을 정도로 들어 봤을 말이 '모차르테움 오케스트라'와 '모차르테움 강당'일 것이다. 말 그대로 모차르테움 오케스트라가 모차르테움 강당에서 녹음한 것들은 오랫동안 클래식 음반 라이브러리의 한 부분을 차지해 왔다. 잘츠부르크에 왔으니 의당 그곳을 찾아야 할 것이다.

찾아가는 방법은 두 가지가 있고, 주소도 두 개다. 하나는 슈바르츠 거리의 카라얀 생가 건너편에 있는 바로크 양식의 건물인데, 이곳이 유명한 '모차르테움 강당'이다. 다른 하나는 미라벨 광장 1번지에 있는 '모차르테움 대학'이다. 두 곳은 떨어져 있지만 한 뿌리이며, 사실상 지금도 한 기관이다.

모차르트가 세상을 떠난 지 50년이 되던 해인 1841년은 낭만음악이 절정을 이루었을 때다. 모차르트가 살아 있던 18세기 후반과 모차르트 사후 50년이 지난 19세기 중반의 음악계를 비교할 때 가장 큰 차이는 음악을 생산하고 소비하는 주체가 바뀌었다는 점이다. 클래식 음악의

모차르테움

생산을 후원하고 향유하는 계층이 귀족에서 지성과 경제력을 갖춘 중산층의 부르주아로 이동한 것이다.

중산계급은 귀족이나 주교처럼 개인이 오케스트라를 만들거나 극장을 지을 재력은 없지만, 그들이 여럿 모인다면 한 영주가 했던 정도의 성과는 낼 수 있었다. 이것이 요즘 흔히 '필하모닉 오케스트라'라는 이름으로 불리는 시민 오케스트라의 탄생이다. 1841년에 잘츠부르크의 음악 애호가들로 이루어진 시민들이 모여 '대성당 음악협회'를 설립했고 이 단체가 연주회장을 지었다. 그것이 '모차르테움'이다. 이어서 이 모차르테움에서 정기적으로 연주할 수 있는 단체를 조직하게 되었고, 그것은 잘츠부르크에서 연주 활동의 근간이 되었다.

이런 움직임은 1870년 '모차르테움 재단'의 발족으로 이어졌고, 이것이 더욱 발전하여 1881년에는 '모차르트 공립 음악학교'가 개교했다. 모차르트 공립 음악학교는 1914년에 정부로부터 정식 음악원으로 인정받고 1922년에 국립으로 전환했다. 그리고 전후인 1953년 아카데미로 개명했으며 1998년에는 '모차르테움 대학'이 되었다.

마카르트 광장 끝에 있는 삼위일체 성당에서 북쪽으로 가다 보면 큰 광장이 나오는데, 이곳이 미라벨 광장이다. 이곳 미라벨 광장 1번지에 잘츠부르크 시내에서는 보기 드문 검은 유리로 된 현대식 건물이 있다. 이곳이 모차르테움, 우리가 일명 '모차르트 음악원'이라고도 부르는 곳이다. 정확한 이름은 '모차르테움 대학'이다. 원래 모차르테움 대학은 이곳이 아니라 슈바르츠 슈트라세 쪽의 건물, 즉 카라얀 생가 건너편에 있었다. 하지만 학교 건물에 문제가 생겼다. 같은 교사校舍에 근무하던 교수와 직원이 모두 같은 암에 걸린 것이다. 역학조사 끝에 건물에서 라돈 같은 발암 물질이 방출된다는 보고가 나왔다. 당국은 1998년에 교사를 허물었다.

다행히도 새 부지가 된 곳이 미라벨 광장 1번지다. 과거 프리모게니투르Primogenitur 궁전이 있던 자리로, 이곳에 완전히 현대식 건물을 신축하기로 했다. 독일 건축가 로버트 레헤나우어가 설계한 이 건물은 이전 교사를 폐쇄한 지 10년 만인 2008년에 문을 열었다. 잘츠부르크뿐 아니라 세계적으로 많은 후원자와 기업의 도움으로 탄생한 새 건물에는 무려 110개의 강의실과 20개의 스튜디오가 자리한다. 또한 공개 연주를 하기 위한 연주회장만도 5개가 만들어지는 등 최고의 시설을 자랑한다.

현재 모차르테움 대학의 학생 수는 1,500여 명이다. 외국에도 인기가 높아 이 중 절반 가까이가 외국 유학생들이며, 교수진은 500명에 이른다. 이 대학은 잘츠부르크에 있는 4개의 대학 가운데 하나로, 오직 예술교육과 연구에 특화되어 세계적으로 이름난 교육기관이다.

건물을 신축하자 음악 관련 학과가 모두 이곳으로 옮겨와 한 지붕 아래 모이게 되었다. 음악-극장 파트를 위해서 대규모 오페라 스튜디오도 마련되었다. 이와 함께 실내악 연주실, 이벤트홀도 여러 개 만들었다. 이전할 때에 오르간 2대, 피아노 160대, 책 24만 권이 함께 옮겨 왔다고 하니, 실로 막강한 시설이다.

그 외의 학과들도 대부분 새로운 교사를 갖게 되었다. 연극과 무대미술 관련 학과는 파리스 로드론 슈트라세에 있는 '테아트룸Theatrum'이라는 건물로 들어갔다. 그리고 미술 관련 학과들, 즉 모든 비주얼 아트, 공예, 미술 등의 학과는 알펜 슈트라세에 있는 쿤스트베르크Kunstwerk 건물로 이주했다. 프론부르크 성Schloss Frohnburg은 콘서트, 연회, 행사, 세미나 등을 개최하는 장소로 콘서트홀도 있다. 또한 1963년에 발족한 '카를 오르프 연구소Carl Orff Institute'는 별도의 건물을 가지고 있다. 2010년부터 드라마 및 무대감독 학과는 '테아터 임 쿤스트크바르티어Theater im Kunstquartier'를 사용한다.

모차르테움은 음악뿐만 아니라 거의 모든 장르의 예술을 망라하는 세계적인 종합 예술교육 기관이다. 전공 종류를 살펴보면, 음악 학부에 작곡, 지휘, 음악이론, 건반악기, 현악기, 관악기와 타악기, 성악, 음악극장, 음악학, 음악교육 등의 분야가 있고, 극장 학부에 연극과 연출, 무대와 의상, 영화와 전시건축 등이 있으며, 미술 학부에 미술, 예술, 공예교육 등이 있다. 또 모차르테움 대학에는 여러 연구소가 있는데, 고음악 연구소, 현대음악 연구소, 모차르트 오페라 해석 연구소, 산도르 베그 실내악 연구소, 대중의 음악 수용 및 해석 역사 연구소, 차세대 영재육성을 위한 레오폴드 모차르트 연구소, 카를 오르프 연구소, 게임 연구소, 예술상호협력 연구소 등이다.

새로 지은 건물 로비의 벽면에는 바바라 보니, 안젤리카 키르히슐라거, 헤르베르트 폰 카라얀, 에리히 라인스도르프, 카를 오르프, 미하엘 길렌, 니콜라우스 아르농쿠르, 루치에로 리치, 하인리히 시프 등 학교가 배출한 위대한 선배들의 이름이 붙어 있다. 악기 케이스를 든 학생들은 바삐 이 앞을 지나친다. 그들 중 누군가가 이들의 이름을 이을 것이다.

삼위일체 성당 Dreifaltigkeitskirche

마카르트 광장에는 모차르트 생가, 도플러 생가, 주립 극장, 호텔 브리스톨 등 여러 건물이 둘러서 있지만, 제일 북쪽 상석上席에 앉아 있는 듯한 가장 중요한 건물은 '삼위일체 성당'으로 번역되는 성당이다.

잘츠부르크에는 대성당을 비롯한 수도원, 수녀원, 묘지 등 종교 건물이 많지만, 그 대부분은 잘자흐강의 서안에 집중되어 있다. 그래서 과거부터 삼위일체 성당은 동안 지역에서 가장 중요한 성당이었다. 교회는 요한 에른스트 폰 툰 호헨슈타인 대주교에 의해서 1702년에 최종적으로 건축되었다. 이 교회는 로마에 있는 교회들, 특히 나보나 광장 주변의 몇몇 교회를 모방해서 지었다.

교회의 대지가 좁고 주변에 공간이 없어 답답해 보이지만 내부는 섬세하고 화려한 석상들이 많다. 이 중 기둥이 있는 공간에는 네 개의 인물상이 서 있는데, 신앙, 희망, 사랑의 미덕, 신의 지혜를 상징한다. 모두 베른하르트 미카엘의 작품이다. 인물상들 사이에 요한 에른스트 대주교의 문장과 잘츠부르크의 문장이 붙어 있다. 돔의 프레스코화는 요한 미카엘 로트마이어가 1700년에 완성한 것이다.

모차르테움 강당 Mozarteum Großer Saal

잘츠부르크 페스티벌에 오면 페스티벌하우스의 위용에 눌려서 그 안의 세 공연장을 보는 것으로 공연장 방문을 끝내는 수가 있는데, 사실 빠뜨릴 수 없는 것이 모차르테움 안의 공연장들이다. 건축물로도 유서 깊고 공연장으로도 음향이 좋기로 유명한 곳이다. 역사적으로 많은 명반을 이곳에서 녹음했다.

모차르테움 건물은 뮌헨의 아르누보 건축가 리하르트 베른들이 설계했다. 1914년에 완공한 이 건물 안에는 공연장 두 개와 모차르테움 대학의 여러 강의실과 국제 모차르테움 재단의 사무실, 그리고 도서관인 '비블리오테카 모차르티아나Bibliothaca Mozartiana'와 휴게실 등이 있다. 슈바르츠 슈트라세의 26~28번지에 걸쳐 있는 건물의 정면에는 2005년에 새겨진 비문이 있다. 예술을 향한 인간의 진정하고 솔직하며 가장 지적인 욕심을 나타낸 것이라고 할 수 있는 모차르트의 말이다. "나는 좋고 진짜이며 아름다운 모든 것을 가지고 싶다."

건물에는 공연장이 두 개 있다. 대강당Großer Saal과 소강당 격인 비너 잘Wiener Saal인데, 특히 대강당은 우아한 분위기와 단순하면서도 멋진 인테리어가 인상적이다. 모차르테움이 유명해진 것도 이 대강당 때문이다. 대강당은 음향이 좋은 것으로 정평이 나 있으며 객석이 800석으로 콘서트에 적합하다. 대축제극장에서 며칠 콘서트를 듣다가 이곳으로 옮겨와 연주를 들어 보면, 과연 콘서트홀이 이것보다 크면 곤란하지 않을까 하는 생각이 들 정도다. 크게는 오케스트라 콘서트부터 실내악, 독주와 독창 즉 리트아벤트(가곡의

© Christian Schneider

모차르테움 강당

밤)까지 거의 모든 프로그램을 소화한다.

대강당과 소강당 사이에 휴게실이 있는데, 이 아름다운 공간은 공연의 막간뿐 아니라 여러 행사를 위한 장소로도 선호된다. 특히 이곳에서 뒤편 정원으로 나가는 문이 있는데, 종종 잘츠부르크의 비밀의 장소로 불릴 정도로 정원이 아름답게 가꿔져 있다.

잘츠부르크 모차르테움 오케스트라 Mozarteum Orchester Salzburg

잘츠부르크 페스티벌은 잘츠부르크에서 열리지만, 그들 표현으로 '호스트 오케스트라', 즉 주 오케스트라의 역할을 하는 것은 빈에서 오는 빈 필하모닉 오케스트라다. 오스트리아에서는 말할 것도 없고 세계를 통틀어서 최정상급의 연주 실력과 전통을 가진 이 악단이 중요한 오페라와 콘서트를 도맡기 때문에 잘츠부르크 페스티벌이 수준 높은 공연을 유지하고 명성을 이어 갈 수 있는 것이다.

하지만 페스티벌이 점점 공연을 다 볼 수 없을 정도로 비대해져 빈 필하모닉 오케스트라로는 모든 일정을 다 소화할 수가 없게 되었다. 이런 이유로 빈 필의 자리를 대신하여 많은 오페라의 일정을 소화하는, 제2의 페스티벌 악단이 '잘츠부르크 모차르테움 오케스트라'다.

우리가 과거에 흔히 '모차르트 음악원 오케스트라'라고 불렀던 팀이다. 적지 않은 명반에 이름이 나오므로 클래식 음악 팬이라면 많이 들어봤을 오케스트라다. 그런데도 정작 이 오케스트라의 정체를 모르는 사람이 많다. 모차르테움 음악원 오케스트라라니? 그럼 학생 오케스트라인가? 교수로 구성된 오케스트라인가? 아니면 졸업생들?

모차르테움 음악원은 오스트리아가 공화국이 된 뒤에 국가 소유가 되었다. 그 후로 음악원의 이름도 여러 차례 바뀌었다. 원래는 오케스트라를 모차르테움 음악원이 소유했지만 재정적, 운영상의 이유로 악단은 음악원에서 분리되었다.

그때부터 모차르테움 오케스트라는 모차르테움 음악원과는 특별한 관련이 없어졌고, 경영도 완전히 별개가 되었다. 모차르테움 오케스트라는 1958년 이래 잘츠부르크주와 잘츠부르크시 소속 교향악단이다. 그러니 다른 도시의 시립 오케스트라와 다르지 않다. 물론 모차르테움 출신이 많긴 하지만 입단에는 이들에 대한 어떤 혜택도 제약도 없다.

로파 갤러리 Galerie Thaddaeus Ropac

모차르테움을 둘러보고 나오다 왼편에 있는 2층 미색 건물에 주목할 필요가 있다. 겉으로 보아서는 주택인지 사무실인지 판단하기 어렵다. 다만 얌전한 현수막이 걸려 있는 경우가 많다. 보통은 화가 이름이 적혀 있는 것으로 보아 이곳은 갤러리다. 그런데 평범한 갤러리가 아니다. 현수막에 걸린 이름의 면면처럼 세계 최고 수준의 현대미술 갤러리다.

페스티벌에 정신을 빼앗겨 낮이고 밤이고 하루에 두세 번씩 공연을 찾아다니던 시절, 현대미술에 조예가 깊다고 알려진 미술 후원자 한 분과 일정을 같이 할 기회가 생겼다. 원래 누구와 함께 다니는 분이 아닌데, 어느 날 호텔 방에서 빈둥거리는 나에게 전화를 해서 다짜고짜 함께 갈 데가 있다며 나오라고 했다. 영문도 모르고 따라간 내가 당도한 곳이 바로 '로파 갤러리'였다. 이곳은 19세기의 아름다운 저택 '빌라 카스트'를 개조해 갤러리로 오픈했는데, 건물 뒤로 유명한 미라벨 정원이 내려

로팍 갤러리

다 보이는 매우 뛰어난 입지에 있다.

그러나 이것들보다도 다른 세 가지에 나는 충격을 받았다. 하나는 당시 그곳에서 전시했던 안젤름 키퍼의 작품들이었다. 이름 정도만 알고 있었고, 엄청난 고가高價라고 들었던 작품들이 한둘도 아니고 거의 200호 정도가 됨직한 대형 화폭들이 벽마다 걸려 있는 것이 아닌가? 거친 질감과 어두운 색채, 그리고 어딘가 끔찍한 독수리의 형태들은 그 시즌에 들었던 음악과 함께 고대의 전설을 들려주는 것 같았다. 두 번째는 갤러리의 공간이었다. 가정집을 개조했지만 방의 벽을 없애지 않은 그대로여서, 각 방의 배치와 벽과 창문의 단순한 세련미는 놀라운 것이었다. 그 중 백미는 1층에서 2층으로 올라가는 계단이었는데, 섬세한 난간과 흰

벽, 그리고 거기 걸린 큰 그림의 조화는 거의 완벽했다. 그리고 2층으로 올라가 맨 처음 나오는 방에 가득한 화집들. 각 방의 그림들 사이에 놓여 있는 책상에 앉아서 무심히 일하는 직원들……. 로팍 갤러리는 나에게 유럽 갤러리 사회를 보여 주는 신선한 작은 창이었다.

그림들을 보고 다시 내려왔다. 1층에 검은 옷을 입은 마른 체격의 한 여성이 서 있었다. 나를 데려간 분이 여성을 소개해 주었다. 그녀의 이름으로 나는 세 번째 충격을 받고 거의 혼절할 지경이 되었다. 그녀는 '에바 바그너', 내가 흠모하던 오페라 연출가이자 리하르트 바그너의 증손녀였다.

타다이오스 로팍(1960~)은 오스트리아 남쪽 케른텐주의 클라겐푸르트에서 태어났다. 어려서 빈을 여행한 그는 미술사 박물관을 보고 감동을 받아 자신의 삶을 미술계에 바치기로 한다. 그는 독일 현대미술의 거장 요제프 보이스 밑에서 인턴으로 일하면서 미술계의 생태를 체득한다. 그리고 스물셋의 젊은 나이에 잘츠부르크에 '타다이오스 로팍 갤러리'를 연다.(그의 동구권 혈통을 감안해서 '호파치 갤러리'라고 부르는 사람도 있다.)

그의 뛰어난 감식안과 운영으로 갤러리는 승승장구한다. 로팍 갤러리는 안젤름 키퍼, 알렉스 카츠, 게오르크 바젤리츠, 요셉 보이스 등을 비롯해 최고급 현대미술가 60여 명을 관리한다. 또한 잘츠부르크의 다른 곳에 4,000제곱미터에 이르는 전시공간을 열었다. 지금 로팍 갤러리는 파리에 두 곳, 런던에 한 곳의 갤러리를 가지고 있다.

미라벨 궁전 Schloss Mirabell

마카르트 광장의 호텔 브리스톨 뒤편으로 들어가도 되지만, 훨씬 더 동쪽에 있는 궁전의 정문을 통해서 들어가는 것이 '어프로치'의 측면에서 더 감동적인 것은 사실이다. 이 궁전은 볼프 디트리히 폰 라이테나우 대주교에 의해 1606년에 세워졌다. 그가 궁전을 짓게 된 연유에 대해서는 여러 설이 있다. 그것이 모두 존경스러운 것은 아니며, 다 믿기도 어렵다. 일설에 의하면 그는 통풍에다 뇌졸중까지 겹쳐 괴로워했다고 한다. 그리하여 번거롭고 주거 환경이 좋지 않은 구시가지, 즉 레지덴츠 궁전을 벗어나서 잘자흐강 너머에 쾌적하고 넓은 궁전을 새로 짓기로 했다고 한다. 또 다른 이야기에 의하면, 대주교에게 잘로메 알트라는 애인이 있었다. 이 대목에서 놀라는 분도 계실지 모르지만, 대주교의 사치와 방종의 극한을 보여 주는 잘츠부르크를 방문하려면, 의연하게 들어야 하는 많은 이야기 중 하나일 뿐이다. 대주교가 연인을 위한 궁전을 지어 그녀와 그녀의 아이들(물론 대주교의 아이들)이 살도록 했다는 이야기다. 두 가지 다 해당할 수도 있을 것이다. 진위 여부야 어찌 됐든 지금은 궁전의 실체가 중요하다.

성질이 불같던 대주교의 채근으로 궁전은 6개월 만에 완공을 보았다고 한다. 궁전 양식은 프랑스와 이탈리아풍을 혼합한 것이며, 그 내부 역시 화려한 가구들로 채워졌다.

하지만 궁전이 완공된 지 6년 만인 1612년에 라이테나우 대주교는 면직되어 체포된다. 그의 뒤를 이은 마르쿠스 지티쿠스 폰 호헤넴스 대주교(재위 1612~1619)는 라이테나우의 정부와 아이들을 궁전에서 추방한다. 그리고 그는 이 궁전에 '미라벨 궁전'이라는 새 이름을 붙였다. '놀랄 만큼 아름다운 궁전'이라는 뜻이다.

볼프 디트리히 대주교가 물러난 이후 궁전은 후임 대주교들의 별궁으로 사용되었는데, 고궁전 안의 유명한 대리석 방에서 여섯 살 난 모차르트가 대주교를 위해 연주를 했다고 한다. 미라벨 궁전은 18세기 초 바로크식 궁전으로 다시 지어졌지만, 1818년 화재로 소실되었다가 현재와 같은 신고전주의 스타일로 복원되었다. 이 건물은 현재 잘츠부르크 시의 소유로, 한때는 시장의 집무실이었으며, 시청 사무실로 사용되기도 했다.

미라벨 궁전

볼프 디트리히 폰 라이테나우

Wolf Dietrich von Raitenau, 1559~1617

인물

볼프 디트리히 폰 라이테나우 대주교는 약 80여 명에 이르는 역대 잘츠부르크 대주교들 가운데서 가장 유명한 사람일 것이다. 오스트리아 로카우 태생으로, 어머니가 교황 피우스 4세의 조카딸로 그 역시 최상류층 출신이다. 사제가 된 그는 1578년 불과 20대의 나이에 잘츠부르크 대주교로 임명되어, 25년간이나 재위에 있었다. 잘츠부르크에 부임한 그는 스스로를 절대 왕정의 군주처럼 여기고 행동했다.

"
세속적 타락의 극치를 보여준 대주교
"

1598년에 잘츠부르크 대성당이 화재로 소실되자, 베네치아의 건축가 빈첸초 스카모치를 초빙하여 대성당을 짓게 했다. 그 밖에 레지덴츠 궁전 등 여러 호화 건물을 지어서, 그에 의해 이탈리아 바로크 스타일의 건축 양식이 알프스 북쪽에 보급되었다. 그 후로도 그는 잘츠부르크와 그 일대에 무려 70여 채의 건물을 지었던 최고의 건축 후원자이자 미술품 수집가였다. 수집품의 일부는 지금 잘츠부르크의 레지덴츠 궁전 등에서 볼 수 있다. 그에 의해 탄생한 가장 유명한 건물은 연인이었던 잘로메 알트와 그녀 사이에 둔 15명의 자녀를 위해 지은 건물로, 지금은 '미라벨 궁전'이라고 불리는 곳이다.

그의 몰락은 이웃인 바이에른의 공작 막시밀리안 1세와의 갈등에서 비롯되었다. 그는 바이에른이 주도하는 가톨릭 연맹에 가입하기를 거부하여, 막시밀리안 1세에게 침공당하고 패퇴했던 것이다. 또한 황제 루돌프 2세에게도 버림받아, 이후 투옥되어 호엔잘츠부르크 성에서 사망했다.

볼프 디트리히는 훌륭한 정치가로 잘츠부르크를 부흥시켰으며, 또한 최고의 예술 후원자로서 이 도시를 아름답고 세련되게 꾸몄다. 그리고 자신의 사랑까지 꽃피웠던 능력 있는 남자인 동시에, 비밀 결혼을 한 가톨릭 성직자로서 가톨릭의 세속적 타락의 극치를 보여 준 인물이다.

미라벨 정원 Mirabellgarten

미라벨 정원은 미라벨 궁전 옆에 있는 정원으로, 인기가 많은 방문지다. 정문으로 들어가면 카펫처럼 잘 정돈된 초록 잔디 위에 빨갛고 하얀 꽃들이 줄지어 자태를 자랑한다. 햇살은 밝고 바람은 신선하다. 이곳은 이름처럼 아름다운 정원으로, 도심 한복판의 오아시스 같은 곳이다. 휴식을 줄 뿐만 아니라 잊고 있던 꿈과 용기를 되살려 주는 매력과 힘이 있다. 화분이나 꽃병에 담긴 꽃들에서는 느낄 수 없는, 흙 속에 뿌리를 내리고 풍찬노숙하는 꽃들의 자연스러운 아름다움과 위대한 생명력을 강렬하게 전해 준다.

잘 가꾸어진 정원뿐만 아니라, 주변으로 늘어선 유서 깊은 건물들의 분위기가 여행자의 흥취를 더한다. 가깝게는 미라벨 궁전, 로팍 갤러리, 모차르테움 대학, 호텔 브리스톨, 주립극장 등이 정원을 뱅 둘러싸고 있고, 보이지는 않지만 담 너머로 흐르는 잘자흐강도 느껴진다. 멀리 잘츠부르크 도심의 스카이라인도 눈에 들어온다.

미라벨 정원

정원의 서쪽 정중앙에 서면 정면으로 멀리 보이는 언덕과 호엔잘츠부르크 성의 장엄한 아름다움은 거의 완벽한 구도를 이루고 있어서, 잘츠부르크의 모습을 더욱 눈부시게 한다. 이 방향은 잘츠부르크를 담아내기 가장 좋은 구도로 잘츠부르크에서 가장 중요한 포토 포인트다.

미라벨 정원은 미라벨 궁전과 이름이 같지만, 함께 만들어진 것은 아니다. 우리가 보는 정원은 요한 에른스트 폰 툰 호헨슈타인 대주교에 의해서 1690년에 설계되었다. 프랑스 바로크 정원의 특징이라고 할 수 있는 대칭 구조를 하고 있다.

정원에서 가장 눈에 띄는 것은 말 조각이 있는 페가수스 분수다. 카스파르 그라스의 작품으로 1913년에 설치되었다. 또 한가운데의 분수에는 조각가 오타비오 모스토가 제작한 4개의 조각군이 있는데, 각각은 대지의 네 요소인 물, 불, 흙, 공기를 상징한다. 정원 서쪽에 있는 헤켄극장에서 공연이 열리기도 한다. 정원 한쪽에는 난쟁이 조각상 28개가 있는 정원도 있다. 하지만 이 역시 정원이니 가장 아름다운 것은 주변을 둘러싼 일련의 회양목들이다. 미라벨 궁전 앞에는 장미 정원이 조성되어 있어, 뛰어난 개량 장미들을 감상할 수 있다. 영화 『사운드 오브 뮤직』에서 폰 트라프 집안의 아이들이 「도레미 송」을 부르는 장면 일부를 이곳에서 촬영했다.

란데스 테아터 Salzburger Landestheater

미라벨 정원을 둘러보고 나서 마카르트 광장 쪽으로 난 문으로 걸어나오면 오른편으로 '란데스 테아터'라는 극장 건물이 있다. 이름 그대로 잘츠부르크주의 주립 극장이다.

먼저 극장 외부 벽에 붙은 현판이 눈에 띄는데, 그곳에 한 남자의 이름이 적혀 있다. '토마스 베른하르트.' 그리고 그의 이름 밑으로 다섯 개의 작품 제목이 있는데, 바로 이 위대한 작가의 희곡 중에서 이 잘츠부르크 주립 극장에서 세계 초연했던 연극들이다. 연대순으로 「무식한 것과 정신없는 것」, 「습관의 힘」, 「마무리」, 「극장 제작자」, 「리터, 데네, 포스」다.

1775년 대주교의 지시로 건축된 이 극장은 이 도시의 오페라, 연극, 콘서트 등이 공연되는 중심 극장이었다. 하지만 잘츠부르크 페스티벌이 열리고 페스티벌을 위한 화려한 극장들이 차례로 건립되면서, 란데스 테아터는 연극을 위한 장소로 남게 되었다. 그 외에 발레나 오페레타, 뮤지컬을 공연한다.

현재의 건물은 1893년에 지은 것으로 1971년에 부근에 있던 미라벨 카지노 등과 통합하여 규모가 커졌다. 객석은 700석 정도. 이 극장에는 희곡작가들의 동상이 있는데 고전 작가들 외에도 입센, 사르트르, 베른하르트 같은 20세기 인물도 있다는 것이 특징이다. 이 극장은 건물뿐만 아니라 자체 드라마 앙상블, 댄스 앙상블 등 공연 단체를 가지고 있으며, 공연 때에는 모차르테움 오케스트라가 상주 악단의 역할을 한다.

란데스 테아터

토마스 베른하르트

Thomas Bernhard, 1931~1989

인물

　토마스 베른하르트는 브레히트와 더불어 20세기 독일어권 작가들 중에서 가장 많이 공연되는 극작가이자 소설가다. 잘츠부르크에서 미혼의 몸으로 임신한 그의 어머니는 네덜란드로 가서 가정부 생활을 하면서 혼자서 토마스를 낳는다. 그렇게 한 아이의 불행이 시작되었다.

　아이는 외조부모를 따라서 잘츠부르크로 이주했다. 하지만 아이의 어린 시절은 먹구름으로 가득 차 있었다. 생부는 자살하고 생모는 이발사와 재혼한다. 베른하르트는 이 이발사의 성으로, 그는 한 번 더 버림받았다고 느꼈다. 10대의 토마스는 우울증에 휩싸이고 자살을 시도했으며 소년원과 기숙학교를 전전한다. 당시 나치 정권하의 전체주의적이고 폭력적인 기숙학교는 아이를 병들게 했으며, 동시에 자아에 눈뜨게 해 주었다. 토마스는 학교에 적응하지 못해 자퇴하는데, 어린 시절의 열악한 환경과 빈곤으로 폐결핵을 앓게 되고 이 병은 평생 그를 괴롭힌다.

　그는 열여섯 살 때부터 식품 가게에서 일을 배웠고, 열여덟 살에 지역 신문의 기자가 된다. 늦은 나이에 성악을 배우고자 모차르테움에 입학하여 음악 공부를 시작하지만 폐결핵 때문에 성악을 포기하고 대본 집필로 방향을 바꾼다. 모차르테움이 단순히 음악을 가르치는 학교가 아니라는 점은 행운이었다. 여러 예술을 다양하게 가르치는 이 학교에서 그는 극작법과 연출을 공부한다. 그 후로 연극과 오페라 대본을 발표하여 작가로 자리 잡는다.

작가로서의 입지를 다지고 나자 베른하르트는 돌연 기존 사회의 문법을 등지고 양심적인 개인으로 내려오기 시작한다. 가톨릭교회를 버리고 독일 문학아카데미에서 탈퇴한다. 그는 잘츠캄머구트 지역의 그문덴에 자리 잡고 그곳에 은둔하며 집필에 전념한다.

"
내 작품은 내 조국에서는 결코
출판하지 말라!
"

베른하르트의 대표작으로는 『한 아이』, 『모자』, 『보리스를 위한 파티』, 『옛 거장들』 등이 있다. 평생 버려짐과 질병과 절망 속에서 살았던 그가 다룬 화두는 인간의 고통과 절망이었다. 베른하르트는 오스트리아가 자신을 버렸다고 생각하며 조국을 경멸했다. 그는 자신의 작품을 오스트리아에서 결코 발표하지 않았으며, 자신의 연극도 국내에서는 공연하지 못하게 조치했다. 유언장에는 자신의 어떤 작품도 오스트리아에서 출간되어서는 안 되며 국가가 자신의 일에 관여할 수 없다고 썼다. 그문덴 부근의 올스도로프라는 마을에는 베른하르트가 마지막 24년간 살던 집이 보존되어 있다.

토마스 베른하르트의 소설 『몰락하는 자』는 잘츠부르크 여행자에게 많은 생각을 하게 하는 작품이다.

한때 잘츠부르크에서 피아노를 공부한 적이 있는 화자는 마드리드에 살고 있다. 그는 친구 베르트하이머의 부고를 접하고 베르트하이머가 살았던 잘츠캄머구트의 집을 찾는다. 거기서 그는 친구의 죽음이 자살이었다는 사실을 알게 되고, 이야기는 28년 전 젊은 시절로 돌아간다.

> "
> 가짜 예술가들이 우글거리는
> 잘츠부르크를 그려 내다
> "

잘츠부르크의 모차르테움 음악원에 위대한 피아니스트 호로비츠가 학생들을 가르치러 온다는 소식이 들려오자, 그에게 배우기 위해 많은 학생들이 몰려온다. 그중에는 피아니스트로 성공하고 싶은 야망을 품은 화자와 친구 베르트하이머도 있다. 또 한 학생으로 미국에서 온 글렌 굴드가 등장한다. 바로 그 유명한 글렌 굴드다. 세 사람은 우정으로 뭉치지만, 자신이 결코 굴드를 능가할 수 없다는 사실에 베르트하이머는 좌절한다. 굴드의 천재성은 누구도 따라갈 수 없는 것이었다.

굴드에 대한 열등감을 떨칠 수 없었던 베르트하이머는 진정성이 결여된, 오직 껍데기만 모방한 예술가의 길을 간다. 그런 자신에게 좌절할수록, 스스로를 파멸의 구렁텅이로 몰아넣고 그 속에서 헤어나오지 못한다. 결국 화자는 자신이 그토록 경멸하는(바로 베른하르트의 자세다) 오스트리아를 떠난다…….

이 소설은 세 음악도가 각기 세 부류의 음악가로 성장해 가는 모습을 그렸다. 배경이 되는 도시는 자신을 과시하기 위한 수단으로 예술을 이용하는 가짜 예술가들이 우글거리는 잘츠부르크다.

그런데 실제로 글렌 굴드는 잘츠부르크에서 공부한 적도, 호로비츠에게 배운 적도 없다. 실제의 피아니스트 굴드를 등장시키고 현실의 장소인 잘츠부르크와 모차르테움을 배경으로 설정하여 긴장감을 최고조로 올려놓았을 뿐이다. 겉보기에 화려한 잘츠부르크 페스티벌이 열리는 이 도시에서 끊임없이 좌절하고 고통받다가 결국에는 몰락하는 예술가들을 그려 낸 것이다.

베른하르트 자신이 모차르테움에서 공부했기 때문에 이 소설을 쓸 수 있었을 것이다. 이 소설에는 '아리아(주제곡이 되는)'란 단어가 2번, '골드베르크 변주곡'이라는 단어가 32번 등장한다. 즉 글렌 굴드를 대표하는 피아노 작품인 바흐의 「골드베르크 변주곡」의 형식을 소설에 접목시킨 것이다.

피델렌 아펜 Zum Fidelen Affen

잘자흐강 동안의 삼위일체 성당 뒤편에 있는 전통 식당 '피델렌 아펜'은 '즐거운 원숭이'라는 뜻이다. 간판에는 귀엽다기보다는 겁먹은 듯한 원숭이가 맥주잔을 들고 기어가는 모습이 그려져 있다. 이 식당의 역사는 40년밖에 되지 않았

피델렌 아펜

지만, 건물은 1647년에 지은 것이니 370년이 넘은 셈이다. 처음부터 맥줏집으로 시작했으며 주인이 여러 번 바뀌어 1978년에 지금의 상호가 되었다.

사실 잘츠부르크에서 맥줏집을 찾는 일은 독일에서만큼 쉽지 않다. 맥주의 도시 뮌헨이 지척이지만, 확실히 이곳은 독일이 아니라 오스트리아다. 그런 잘츠부르크 시내 한복판 뒷골목에 숨어 있는 오스트리아식 맥줏집이 바로 피델렌 아펜이다. 이곳에서 취급하는 맥주는 독특한 잘츠부르크식 맥주로, 맥주를 좋아하는 분이라면 들를 만한 곳이다. 맥주뿐 아니라 음식도 전형적인 오스트리아식이다. 음식은 선술집 스타일인데, 더 오스트리아적인 것은 인테리어와 가구와 분위기다. 이곳의 분위기는 진짜 잘츠부르크답다.

카페 베른바허 Café Wernbacher

미라벨 정원 뒤쪽 프란츠 요제프 슈트라세에 있는 '카페 베른바허'는 아직 관광객들에게 점령당하지 않은 몇 남지 않은 카페다. 흘러나오는 재즈나 올드팝을 들으며 '아니, 여기가 잘츠부르크가 맞나?' 하고 놀랄지도 모른다. 테이블과 의자 등은 빈 스타일이 아니지만, 이 카페의 분위기에 어울린다. 무턱대고 빈 카페를 흉내 내지 않고도 자기만의 독특한 분위기를 만들어 내는 데 성공한 곳이다.

1952년에 웨이터 출신 프랑크 베른바허가 문을 열었으니, 잘츠부르크의 다른 저명한 카페들에 비하면 역사가 짧은 편이다. 베른바허는 매너와 경영 능력이 뛰어나다. 특히 당시부터 지금까지 변함없는 실내 장

카페 베른바허

식은 1950년대식으로 레트로 스타일의 편안함을 준다. 카페를 오픈한 때가 미군이 잘츠부르크에 주둔했던 시기와 겹친다는 점을 상기하게 만든다.

술병이 진열되어 있는 스탠드 뒤에서 마릴린 먼로나 말런 브랜도가 걸어 나와도 이상하지 않을 것 같은 분위기다. 사람들 모두가 편안하고 시간은 흐느적거린다. 무언가 무심하고 무언가를 그리워하게 되는 그런 곳……. 여기 사람들도 카페 자허의 정갈함이나 카페 바자르의 육중함을 한번쯤은 벗어나고 싶었을 것이다. 이 집은 좋은 분위기, 뛰어난 커피와 음식으로 시민들의 사랑을 받아 발전했다. 지금은 문을 닫았지만 잘나갈 때는 뒷방에 별도로 스카치 클럽을 만들어 운영할 정도였다. 카페의 인기 메뉴는 아침 식사다. 전형적인 오스트리아 아침 식사와 브런치를 제공한다.

베른바허가 세상을 떠나고 그의 뒤를 이어 경영하던 부인 마르가레타 베른바허도 이제는 없다. 하지만 그때의 분위기는 여전하다. 하여튼, 그럼에도 브라우너는 맛이 죽인다.

프란치스키 성 Franziskischlössl

잘츠부르크에는 호엔잘츠부르크 성 말고도 건너편 산에 또 하나의 요새가 있으니, 프란치스키 성이다. 1629년 파리스 폰 로드론 대주교에 의해 카푸치너베르크Kapuzinerberg산에 세워진 것으로, 방어용으로 지어진 요새다. 오늘날 이 성은 당일치기 피크닉 장소로 잘츠부르크 시민들에게 사랑받고 있다.

앞서 소개한 식당 피델렌 아펜 옆의 린처가세에서부터 카푸치너베르크 길을 따라서 올라갈 수 있다. 정상까지는 걸음에 따라 30분에서 한 시간 정도 걸린다. 길의 초입에 카푸친 수도원이 있고, 여기에 츠바이크의 두상이 있다. 이 수도원에서 좀 더 올라가면 카푸치너베르크 5번지에 츠바이크가 한때 살던 파싱 성Paschingerschlössl이 있다. 이곳을 지나 더 올라가면 프란치스키 성이 나타난다. 잘츠부르크 시내가 다 보이는 뛰어난 전망의 전통 식당이 맞아 준다.

프란치스키 성

호텔 드 뢰로프
Hotel de l'Europe

에피소드

잘츠부르크를 배경으로 하는 소설에 흔히 등장하는 호텔이 있는데, 지금은 시내를 아무리 돌아다녀도 찾을 수 없다. 바로 '호텔 드 뢰로프Hotel de l' Europe'로서 '유럽 호텔'이라는 뜻인데 1865년부터 1938년까지 운영되었던 유럽 최고급 호텔이었다.

1860년에 뮌헨과 빈을 잇는 철도가 잘츠부르크를 통과하게 되면서, 접근이 어려웠던 이 아름다운 도시를 향한 방문객 수가 급증했다. 그리하여 잘츠부르크에도 대도시 수준의 고급 호텔이 필요하게 되었으니, 이때 만들어진 호텔이 '그랜드 호텔 드 뢰로프'와 '호텔 자허'다. 잘츠부르크 역 바로 앞 좋은 위치의 뢰로프는 구도심에서 떨어진 점을 제외하고는 자허를 능가했다. 뢰로프는 유럽 최상류층을 겨냥한 호텔이었다. 손님으로는 독일 황제 카이저 빌헬름 1세를 비롯하여 정치가와 예술가들이 줄을 이었다. 1930년대에는 페스티벌 기간에 항상 예약 완료를 이루었다.

호텔 드 뢰로프의 호화로운 시설은 전설적이다. 1886년에 전등이 설치되고 10인승의 유압식 엘리베이터가 놓였다. 방마다 전보 송수신기가 놓였고 중앙난방이 설치되었다. 1920년에 객실에 수도와 전화가 설치되었으며 장거리 통화도 가능했다. 호텔에는 무도장, 도서관, 당구장이 있었으며, 우체국과 미용실도 있었다. 시

214

내의 저명한 '휠리글 서점'의 지점도 들어왔다. 정원에 테니스코트에 야외극장이 만들어졌다. 별채에는 탁아소, 세탁소, 농장건물 및 운전수 휴게실까지 설치되었다. 하지만 가장 놀라운 시설은 주방에서 별관까지 음식이 식지 않도록 64미터의 지하터널을 설치한 것이다. 이 터널을 무인차량이 다녔다.

전설 속으로 사라져 버린 유럽 최고의 호텔

그러나 1938년 나치가 잘츠부르크에 진입했을 때, 독일총독부는 강압적으로 싼 가격에 호텔을 매입했다. 접수한 후에는 군사령부로 개조했다. 군대는 공습을 대비해서 두께 1미터의 콘크리트로 벽을 보강했다. 하지만 제2차 세계대전 막바지 3일간의 극심한 폭격으로 사령부였던 건물은 완전히 파괴되었다. 전쟁이 끝났지만 호텔은 복구되지 못했고, 주택단지로 팔렸다. 호텔의 매각을 안타깝게 여긴 주인은 정원의 나무는 보호해 줄 것을 조건으로 내걸었다. 나무 몇 그루는 1964년에 시의 보호수가 되었다

호텔 드 뢰로프가 있던 자리에 최근 새로운 호텔이 들어섰다. 이름도 뢰로프를 연상시키는 '호텔 유로파 잘츠부르크'다. 이 호텔의 가장 큰 의미는 공습으로 무너진 유럽 최고 호텔의 무덤 위에 지어졌다는 점이다. 하지만 호텔의 광고 어디에도 과거의 역사를 말해주지 않고, 투숙객들도 그런 사실을 잘 모른다. 하지만 시민들은 아직도 이곳을 기억한다.

잘츠부르크교외

헬브룬 궁전 Schloss Hellbrunn

잘츠부르크 시내에서 좀 떨어진 교외에 있는 이 궁전은 독특한 매력을 지닌 곳으로, 어떤 이들은 잘츠부르크에서 가장 재미있는 곳으로 손꼽기도 한다. '헬브룬 궁전'이라고들 하지만 독일어 이름은 '헬브룬 성'이다. 광활한 대지 위에 서 있는 일련의 건물들과 정원은 잘츠부르크시 남쪽으로 10킬로미터 지점에 있는데, 자동차로 30분 정도 거리다.

이곳은 마르쿠스 지티쿠스 폰 호헤넴스 대주교의 지시로 짓기 시작해 1619년에 완공했다. 규모가 상당한데도 침실이 없는 것이 특징이다. 대주교가 여름날 낮에 이곳에 와서 놀다가 저녁이면 시내로 돌아갔기 때문에 침실을 만들지 않았다고 한다.

마르쿠스 지티쿠스 대주교는 유머감각이 뛰어나고 장난을 좋아하는 사람이었다는데, 이 궁전 전체가 그의 장난감이라고 볼 수 있다. 여름용이니만큼 장난의 소재는 물이다. 일종의 워터파크인 셈이다. 가장 유명한 것은 석재 야외 테이블로, 손님들이 이곳에 앉아 식사를 하거나 환담을 나눌 때 의자 밑에서 물이 솟아오르도록 장치를 만들었다. 그리

헬브룬 궁전

고 대주교의 자리만 물이 나오지 않게 해서 손님들을 놀리는 것이다. 고위 성직자에게 어울리지 않는 놀이 같지만, 물벼락을 맞은 손님들을 바라보면서 낄낄대는 대주교의 장난스러운 모습이 떠오르는 곳이다. 이런 장난을 위해 돌 밑으로 수도관을 깔고 전기도 없던 시절에 수압을 이용한 시설을 만들었다는 것이 놀랍다. 그러나 민초들의 생활과는 무관하게 장난과 사치에 탐닉한 성직자의 모습에 마냥 웃을 수만은 없다.

그 후로 여러 대주교가 이곳의 장난 시설을 더욱 보완했다. 예를 들어 미니어처 극장은 그 안의 작은 출연진이 수압에 의해서 움직이고, 음악도 연주되었다니 입을 다물지 못하게 한다. 무려 200가지에 달하는 여러 가지 직업을 인형으로 보여 준다. 분수 위에 왕관을 놓고 수압에 의해 오르락내리락하게 하는 장치도 있다. 헬브룬 궁전의 모든 물장난을 보기 위해서는 가이드투어를 해야 하는데, 내내 물벼락을 맞을 각오를 해야 한다. 어떤 점에서는 분명 유치해 보일 수도 있지만, 체면을 다 버리고 이런 재미에 빠져서 한나절을 실컷 웃으며 즐기는 것도 여행의 기쁨일 것이다. 각각의 시설에는 결코 물을 맞지 않는 지점이 있는데, 과거에는 대주교의 자리였고 지금은 가이드가 서는 자리다.

헬브룬 궁전 옆에는 동물원, 돌 극장, 달 궁전 등 여러 시설이 즐비하다. 대부분이 300년 전의 것이란 사실이 놀랍다. 그러나 가장 멋진 것은 정원이다. 풍부한 물길과 아름다운 연못을 따라 걷는 늦은 오후는 떠올리는 것만으로도 아름답다. 현실과 꿈과 장난으로 섞인 이 한나절의 경험이 비현실적으로 다가온다.

출구 부근에 정자가 하나 있는데, 영화 『사운드 오브 뮤직』에서 리즐과 랄프가 밤에 정원에서 2중창 「곧 17세가 되는 16세」를 부를 때에 쓰인 정자다. 원래 정자는 이 정원에 없었는데, 영화 촬영을 위해서 일부러 제작했다고 한다. 촬영이 끝난 후에 기증한 것으로, 마치 원래부터 있던 시설처럼 시치미를 떼고 서 있다.

페퍼쉬프 Pfeffershiff 🍴

페퍼쉬프는 잘츠부르크 교외에 있는 식당이다. 겉은 소박하지만 실은 미식가를 겨냥한 고급 식당이다. 잘츠부르크 시내에만 며칠 머물다 페퍼쉬프로 식사를 하러 떠나는 날은 소풍 가는 아이처럼 기분이 좋아진다. 나는 여러 차례의 방문 끝에 이 식당이 잘츠부르크에서 가장 좋은 식당이라는 신념을 가지게 되었다.

아름다운 시골길을 달려서 페퍼쉬프 앞에 도착한다. 그곳에 식당이라기보다는 교회나 수도원 같은 17세기풍의 흰 건물이 초록의 초장 위에 서 있다. 그 느낌은 아름다울 뿐 아니라 정결하고 신성하기까지 하다.

페퍼쉬프

이 식당에는 내려오는 전설이 있다. 300년쯤 전에 젊은 상인이 재산을 털어서 베네치아 상인들로부터 배 한 척을 샀다. 하지만 무역을 떠난 배는 그만 실종되었고 주인은 낙담했다. 그러다 몇 년이 지나 그 배가 안전하게 베네치아로 귀환했는데, 배 안에는 후추가 가득 들어 있었다. 후추의 시세 차익으로 엄청난 부를 거머쥔 상인은 그것이 '잃어버린 물건의 수호성인'인 성 안토니오의 은혜라고 생각했다.

그는 감사의 표시로 잘츠부르크 교외의 이곳 쾰하임Söllheim에 성 안토니오를 기리는 작은 예배당을 지었다. 17세기에 지은 예배당은 나중에 여관이 되었고 다시 식당으로 바뀌었는데, 지금의 페퍼쉬프다. 독일어로 '후추선'이라는 뜻이며, 식당 앞에는 예배당으로 쓰던 건물이 그대로 남아 있다.

2010년부터 주인 위르겐 비네의 부인 아이리스가 식당을 부흥시켰다. 최고의 식사는 말할 것도 없고, 시골풍으로 섬세하게 갖춘 인테리어 장식과 가구에 전통의상을 멋지게 차려입은 훈련된 웨이트리스들, 무엇보다 최고의 야외 테라스 등 모든 것이 방문객에게는 인상적이다. 특히 커다란 나무 한 그루 아래 테이블 여러 개가 놓인 운치 있는 마당에서의 식사를 어찌 형언할까?

페스티벌 기간이면 세계에서 온 방문객과 출연자, 그리고 현지인까지 모두가 식사를 고대하는 곳이다. 이곳이 자랑하는 와인 리스트보다 더욱 향기로운 것은 계절마다 식당을 둘러싸고 피어나는 다채로운 꽃들이다. 식사를 하고 옛 예배당 건물을 둘러보면서 시골 공기에 취해 보기를 권한다.

항가 7 및 이카루스 Hangar 7 & Ikarus

이 건물을 본 사람들은 다 놀란다. 처음엔 이곳이 식당이라고 생각하고 방문한다. 물론 이곳은 식당이다. 하지만 안으로 들어가면 로비를 통해 이어지는 거대한 공간을 만나게 된다. 이곳에 수많은 항공기가 놓여 있다. 그것들은 장난감이나 모형이 아니라 실제로 하늘을 날아다녔거나 지금도 날 수 있는 항공기다. 초기의 비행기, 현대의 전투기, 소형 여객기, 헬리콥터 등 그 수도 상당하여 '항공박물관'이라고 해도 손색이 없다. 그런데 이 항공기 사이에 포뮬러 원 레이싱 카를 비롯해 다양한 경주용 스포츠카들이 놓여 있다. 그 뒤로 대형 회화들과 사진들이 놓여 있지만, 이미 넋을 빼앗긴 사람들의 눈에는 잘 들어오지 않을 것이다.

이 많은 물건들이 왜 이곳에 있을까? 이것들은 모두 '레드불'의 설립

항가 7

자인 디트리히 마테시츠의 컬렉션이다. 이곳은 제2차 세계대전 때부터 공군기지가 있던 자리로, 이어진 활주로의 반대편이 바로 잘츠부르크 국제공항이니 잘츠부르크 공항의 활주로 건너편에 있는 건물이다. 그래서 이 건물을 원래의 격납고 이름대로 '격납고 7' 즉 '항가 7'이라고 부른다. 이곳은 항공기 컬렉션의 전시장일 뿐만 아니라 기업체 레드불이 소유하고 있는 오스트리아 항공 팀인 '플라잉 불스Flying Bulls'의 본거지이기도 하다. 이것 역시 마테시츠의 소유로 그 옆에 있는 '격납고 8'은 플라잉 불스 항공기의 유지 보수를 위한 시설이다.

항가 7 안에 있는 식당이 '이카루스'인데, 건물은 1,200톤의 강철과 75,000제곱미터의 유리로 이루어져 있다. 서쪽으로 떨어지는 오렌지 빛 석양이 유리 전체를 물들이는 장관을 보며 와인을 마실 수 있다. 이카루스에는 라운지 바도 두 개가 있는데, 하나는 격납고의 유리 천장 밑에 매달려 있어 보기만 해도 아찔하다. 소프라노 안나 네트렙코가 출연한 영상물 「더 우먼, 더 보이스」를 보면, 그녀가 벨리니의 『몽유병의 여인』 중의 아리아 「얼마나 화창한 날인가」를 부르는데, 이 대목을 여기서 촬영했다.

섬세한 고급 요리를 맛보기 위해 세계의 미식가들이 이카루스를 찾는다. 이곳의 특징은 상주하는 셰프가 없다는 점이다. 대신에 세계의 유명 셰프들이 번갈아 가며 한 달씩 이곳에 와서 상주 이카루스 팀이라는 요리 스태프들과 함께 매달 다른 코스를 선보인다. 그리하여 파리, 시드니, 뉴욕, 두바이의 유명 셰프의 손맛을 느낄 수 있는 것이 이 식당의 콘셉트다. 프랑스의 영화배우이자 식당 운영자인 제라르 드파르디유가 등장하여 고객들을 즐겁게 한 적도 있다.

슐로스 아이겐 Schloss Aigen

잘츠부르크 교외의 훌륭한 식당이다. 무엇보다도 가는 길이 장관이다. 미리 차에서 내려 키 큰 나무들이 도열해 있는 가로수 길을 걸어 본다면, 기분 좋은 시간이 될 것이다. 낮은 낮대로 밝고 어스름 저녁은 저녁대로 운치 있는 시골의 정취를 만끽할 수 있다. 산책로가 끝나는 곳에 작은 마을과 예배당이 그림처럼 나타나고, 그 뒤에 식당이 있다.

슐로스 아이겐은 상상할 수 없을 만큼 잘 가꾼 식당이다. 규모나 유지 상태만 보아도 사람들이 보통 많이 찾는 곳이 아니라는 것을 알 수 있다. 실제로 잘츠부르크 현지인들이 결혼식이나 약혼식 같은 행사에 선호하는 세련된 곳이다. 야외는 야외대로 커다란 밤나무 아래에서 식사를 할 수 있으며, 실내 시설 역시 정갈하고 빼어나다. 음식도 대단히 훌

슐로스 아이겐

류한 편이다. 육류와 생선 모두 식재료의 질이 뛰어나고 요리 역시 수준
급이다.

게르스베르크 알름 Gersberg Alm 🍴

게르스베르크 알름은 호텔을 겸한다. 식당 이름에 산 이름이 붙은 것
처럼 상당히 높은 곳에 있다. 올라가는 길이 제법 길다. 시설이 좋고 단
골도 많다. 이곳에서 며칠간 휴식하기 위해 찾는 사람이 제법 많다. 하
지만 시내와의 접근성이 좋지 않아 잘츠부르크를 방문할 때 이곳에 묵
기는 쉽지 않을 것이다.

반면 하루 소풍 삼아 식사를 하러 드라이브 나오기에는 좋은 곳이다.
전형적인 티롤풍의 시골 건물에, 전통적이고 좋은 티롤 요리를 낸다. 식
당에서 내려다보이는 잘츠부르크 시가지의 경치가 훌륭하다. 식사 전후
에 뒤편의 산으로 짧은 트래킹을 할 수도 있다.

브루나우어 Brunnauer 🍴

브루나우어는 잘츠부르크 전체에서 가장 높은 평가를 받는 파인 다
이닝룸의 하나다. 뮌히스베르크산 뒤의 한적한 논탈 지역에 자리 잡고
있지만, 지역 사람들에게 인기가 좋은 곳이다. 역사적인 건물인 체코니
빌라를 식당으로 사용하며, 여름에는 정원에도 운치 있는 테이블이 놓
인다. 주인이자 셰프인 리하르트 브루나우어는 과거 잘츠부르크의 유명
한 식당이었던 마가진을 경영했던 경험을 살려 최근 이곳에 식당을 열
었다. 최고의 식재료를 이용한 오스트리아 음식을 바탕으로 한 프랑스
풍의 요리를 맛볼 수 있다.

슈티글 양조장 Stiegl Brauerei

독일의 맥주에 비해 오스트리아 맥주는 잘 알려져 있지 않지만, 아주 유명하다면 유명한 맥주가 잘츠부르크에서 생산된다. '슈티글Stiegl'은 오스트리아에서 가장 성공한 맥주의 하나로 1492년에 설립해 500년 동안 키너Kiener 가문에서 가족경영으로 유지하고 있다. 지금은 오스트리아 전국에 걸쳐 작업장을 두고 있지만, 그중에서도 가장 유명한 슈티글 양조장이 잘츠부르크 시내에서 좀 떨어진 곳에 있다. 방문하면 이곳 특유의 맥주를 시음할 수 있고(잘츠부르크 카드를 소지하면 무료다) 기념품도 준다. 대형 시음장과 식당이 함께 있다.

카이저 빌라

카페 람자우

콩그레스 운트 테아터하우스

콘디토라이 차우너

바트 이슐 박물관

조피 산책로

레하르 빌라

바트 이슐

바트 이슐 역

바트 이슐

바트 이슐 Bad Ischl

잘츠캄머구트의 한가운데 있는 중심 도시가 바트 이슐이다. 잘츠부르크가 이 지역의 주도이기는 하지만, 바트 이슐은 지리적으로 보다 중심지이며 정신적으로도 마치 종갓집 같은 지위를 차지하는 것처럼 보인다. 인구가 비록 13,000명에 불과하여 서울로 치면 작은 구 하나도 되지 않지만, 도시가 가진 품세와 격조는 여느 유럽 도시에 비추어도 떨어지지 않는다.

이곳 사람들은 이곳이 한때 오스트리아 제국의 여름 수도라고 할 수 있는 곳이었으며, 그리하여 유럽 전체에 영향력을 끼친 도시였다는 데 자부심을 갖고 살아가는 것 같다. 중세의 잘츠부르크는 교황청 직속으로 대주교가 다스리는 '교회의 도시'였으며, 근대의 잘츠부르크는 부르주아들의 색채가 넘치는 '시민의 도시'였다. 반면 바트 이슐은 '교회'도 '부르주아'도 아닌 '황실의 도시'였던 것이다. 그런 점에서 이곳은 분위기가 사뭇 다르다.

'바트'가 '목욕', '목욕탕'을 뜻하는 것처럼, 바트 이슐은 이름 그대로

바트 이슐

온천도시다. 오스트리아뿐만 아니라 중부 유럽에서도 유명한 온천으로, 19세기부터 온천의 효능이 알려지기 시작했다고 한다. 특히 조피 황후가 이곳에서 프란츠 요제프 1세를 임신했다고 알려져 유명해졌다. 오스트리아 황실뿐 아니라 부근의 여러 왕족과 귀족 그리고 유명 인사들이 즐겨 방문했던 휴양지다. 1828년에는 잘츠캄머구트 지역 전체에서 최초의 '포스트호텔(휴양여관)'이 이곳에 문을 열었다. 지금도 대형 온천장 '유로테르메Eurothermen Resort'가 바트 이슐 역 앞에 있다.

바트 이슐은 시내 한복판을 강물이 U자처럼 감아 도는데, U자의 안쪽 부분이 원래의 구시가지에 해당한다. 삼면이 강으로 둘러싸인 독특한 천혜의 지형이다. 그 강이 트라운강으로, 여름에는 콸콸 소리를 내면서 흘러, 상류의 경관도 멋지고 힘찬 물소리가 나그네의 여독도 가라앉혀 준다. 이 지역 일대가 유독 유속이 빠른 이유는 여름에 알프스의 빙하가 녹은 물이 한꺼번에 쏟아지기 때문이다. 계속해서 콸콸거리는 소리야말로 여름 바트 이슐의 분위기에 한몫을 하는 요소다.

카이저 빌라 Kaiservilla

바트 이슐의 많은 유명한 유적들은 대부분 오스트리아 제국 말기의 것으로, 황실과 관련 있는 것들이다. 그중 대표적인 것이 '카이저 빌라'다. 카이저라는 말에서 알 수 있듯이 이곳은 황제 프란츠 요제프 1세의 여름 별장이다. 그가 이곳을 좋아하여, 황제와 황실 가족은 거의 매년 여름을 이 도시에서 보냈다.

바트 이슐에 얽힌 유명한 이야기는 1853년 어느 여름날 생긴 사건이다. 황태자였던 프란츠 요제프는 황후가 될 바이에른의 헬레네와 맞선

을 보기 위해 이곳에 왔는데, 황제는 헬레네보다도 그녀를 수행한 여동
생에게 더 관심을 보였다. 이에 양국 보좌관들은 긴급회의를 열어 여동
생을 황후로 발표한다. 그녀가 바로 나중에 '시시'라는 애칭으로 유명해
진 엘리자베트 황후다.

1854년 프란츠 요제프의 어머니인 조피 대공비는 결혼 선물로 카이
저 빌라를 구입하여 아들 부부에게 주었고, 이후 카이저 빌라는 황실 가
족의 여름 거주지가 되었다. 프란츠 요제프는 이 집을 "천국(바트 이슐)의
천국(카이저 빌라)"이라고 묘사하면서 여름마다 이 집에서 휴가를 즐겼다.
60년간 유럽의 3분의 1을 차지했던 제국의 황제가 1914년에 제1차 세

카이저 빌라

계대전의 시작을 알리는 세르비아와의 선전 포고문에 서명한 것도 카이저 빌라에서였다. 그는 다음 날 카이저 빌라를 떠나 격랑 속으로 들어가야 했고, 결코 다시는 사랑하는 이 작은 도시로 돌아오지 못했다. 이후 오스트리아는 새로운 시대로 접어들었다.

카이저 빌라는 그곳으로 가는 길부터가 멋지다. 도심의 중심에서 산책 삼아 출발하여, 트라운강에 놓인 철제 다리를 지난다. 강의 세찬 물살 위를 지나가는 순간 마치 21세기의 현실을 떠나 19세기 말의 제국 시대로 들어가는 기분이 든다. 아니 그런 기분이 드는 것이 좋다. 그럴수록 감정은 살아나고 감회는 깊어진다.

부르주아 집안의 소유로 이어져 온 이 건물을 사들인 황실은 이곳을 크게 확장하고 신고전주의 양식으로 개조했다. 양쪽으로 두 개의 윙을 건축하여 방의 개수를 늘렸다. 그리고 뒤쪽으로 영국식 정원을 조성하여 황실에 어울리는 규모로 바꾸었고, 그쪽으로 현관을 새로 냈다. 공사는 1860년에 완공되어 지금과 같은 모습이 되었다. 현재는 안을 마치 황실 박물관처럼 꾸며서, 당시의 프란츠 요제프 황제와 시시 황후에 관련된 집기와 소품을 전시하고 있는데, 시시가 승마를 좋아하여 특히 말 그림이 많다.

콩그레스 운트 테아터하우스 Kongress & Theaterhaus

비록 여름철에 한정된 것이지만 바트 이슐은 황제가 거주했던 곳인 만큼, 황제 주변의 많은 인물들도 바트 이슐을 찾았으며 덩달아 귀족과 부르주아들도 이곳을 좋아했다. 그들은 이곳에서 얼굴을 익히고 연줄도

놓고 운이 좋으면 황실과 교류를 할 수도 있었다. 바트 이슐은 여름의 빈이었다. 그러니 바트 이슐에는 카이저 빌라 외에도 많은 역사적인 건물이 남아 있다. 그중 중요한 것이 콩그레스 운트 테아터하우스다.

이 건물은 바트 이슐에서 열리는 모든 행사의 중심 무대이며, 특히 여름에 열리는 레하르 페스티벌의 공연장으로 사용되고 있다. 건물은 19세기 말의 것으로, 1875년에 히야치트 미셀의 디자인으로 완성된 화려한 건물의 당시 이름은 '쿠어하우스Kurhaus'였다. 쿠어하우스란 유럽의 온천 도시에 대부분 존재하는 중심 시설로 이름 그대로 '치유 센터'라고 할 수 있다. 온천수를 마시거나 목욕을 할 수 있는 중앙 온천 치료 센터인

콩그레스 운트 테아터하우스

셈이다.

쿠어하우스들의 기능은 점점 확대돼 갔다. 즉 치료를 위해 온천에 온 사람들에게 저녁은 적막하기 짝이 없다 보니 이곳에서 공연이나 무도회, 도박 모임 등 저녁 문화가 발달하게 되었다. 특히 공연 문화가 발전한 도시들이 많은데, 그중 하나가 바트 이슐일 것이다. 황제나 귀족들이 모이는 곳이니 대형 회의장도 필요하게 되었다. 그리하여 바트 이슐의 쿠어하우스는 결국 회의, 무도 및 공연의 기능도 하게 되었다.

바트 이슐의 쿠어하우스는 1965년 화재로 거의 소실되었고 대형홀만 겨우 살아남았다. 1997년에 복구를 진행해, 제국 시대의 원형대로 복원했다. 이름은 쿠어하우스가 아닌 현재의 '회의 및 극장건물'이라는 뜻의 '콩그레스 운트 테아터하우스'로 바뀌어서 회의와 공연장의 역할을 동시에 수행한다. 지금 이곳에서는 여름마다 '바트 이슐 레하르 페스티벌'이 열린다. 여름밤이면 즐거운 오페레타의 선율과 화려한 의상과 무용이 극장 무대를 채운다. 광장에는 오페레타의 거장 프란츠 레하르와 엠머리히 칼만의 동상이 있다.

바트 이슐 역 Bahnhof Bad Ischl

1877년 잘츠캄머구트 지역을 연결하기 위해서 순탄치 않은 지형에 잘츠캄머구트 철도Salzkammergutbahn를 놓았다. 이 노선에서 가장 큰 역이 바트 이슐 역이다.

역사驛舍는 1870년대 역의 전형적인 모습을 보여 주는데 역내로 들어가 보면 당시 여행과 철도의 문화를 엿볼 수 있다. 한쪽에는 1등석과 2등석 승객만 이용할 수 있고, 3등석은 입장할 수 없는 식당이 있다.

대합실도 1, 2, 3등석으로 나뉘어 있다. 그중에서도 재미있는 것은 황실 가족만 이용할 수 있는 황실 전용 대기실이다. 바트 이슐을 좋아한 프란츠 요제프 1세는 빈에서 이곳으로 올 때마다 당시 최신 교통수단이었던 열차를 즐겨 이용했다. 그래서 바트 이슐 역은 그때를 묘사한 여러 책에 등장한다. 하지만 세월의 무상함 앞에 1957년 잘츠부르크 - 바트 이슐의 열차 노선은 폐쇄되고 말았다.

역에 들어가면 흥미 있는 것은 열차가 역에 들어오기 직전 철교를 넘어서 오고, 역에서 나갈 때에 반대편 철교를 지나서 간다는 점이다. 다시 말해 바트 이슐의 도심을 트라운강이 U자형으로 감아 돈다고 말할 때, 그 U자의 동그란 부분의 끝에 역이 있는 것이다. 그래서 열차는 강의 철교를 지나서 역에 들어와 다른 철교를 통해서 나간다. 대신 승객들은 역에 내리면 강을 건너지 않고 바로 시내로 들어갈 수 있어 편리하다. 독특한 역의 모습은 과거에 상당히 유명했는데, 바트 이슐의 옛 영화가 묻어 있는 곳이다. 100년 전으로 돌아가서 바트 이슐판 황성 옛터의 감상에 젖게 해 주는 곳이다.

조피 산책로 Sohpie Eslpanade

아름다운 트라운강을 말없이 바라보거나, 콸콸거리는 강물 소리를 들으면서 느긋하게 걷는 일은 바트 이슐에서 가장 큰 즐거움이다. 그중에서도 최고는 트라운강을 따라 서쪽으로 뻗어 있는 산책로를 걷는 일일 것이다. 이곳에 '조피 산책로'라는 돌로 만들어진 팻말이 붙어 있다.

카이저 빌라가 세워지기 전에는 이 산책로 중간에 황비의 별궁이 있었다. 프란츠 요제프가 시시와 결혼하면서 황실에서 카이저 빌라를 구

조피 산책로

입하기 전까지 황실 가족이 바트 이슐에 오면 머무르는 곳이었다. 그러므로 두 사람이 결혼하기 전까지 이곳을 가장 많이 걸었던 사람은 프란츠 요제프의 어머니 조피 대공비일 것이다. 그래서 조피가 거주하던 별궁 앞의 이 길 이름이 조피 산책로가 되었다.

조피뿐만 아니라 결혼 후 시시도 이곳을 좋아하여 자주 산책로를 걸었다. 겨우 500미터 남짓 될까 말까 한 산책로는 길 끝에 나타나는 커다란 카페에 의해 사실상 끝나게 된다. 물론 더 걸어갈 수도 있지만, 실제로 카페를 보는 순간 산책의 고즈넉함이나 명상의 미덕 같은 것은 온데간데없이 사라져 버리고, 유명한 이 카페의 케이크의 유혹에 굴복하게 될 것이다.

바트 이슐 박물관Museum der Stadt Bad Ischl

조피 산책로 가운데에 당당하게 서 있는 건물 앞에 '호텔 오스트리아'라는 간판이 지금도 그대로 걸려 있는데, 이곳이 '바트 이슐 박물관'이다. 카이저 빌라가 건립되기 전 오스트리아 황실 가족이 바트 이슐에 왔을 때 거주하던 곳이다.

프란츠 요제프 황제가 자신의 배필로 내정된 헬레네가 아니라 그녀의 여동생 엘리자베트를 황후로 결정한 곳이 바로 이곳이다. 결혼 발표를 앞두고 프란츠 요제프는 집 앞 조피 산책로와 타우너강 주변을 시시와 함께 산책하면서, 그녀의 활달한 매력에 매료되었다. 프란츠 요제프와 시시의 결혼 후 이곳은 '시시의 아파트'로 불리게 된다. 하지만 카이저 빌라가 그들의 여름 거처가 되면서 황실 가족은 더 이상 이곳을 이용하지 않았다.

그 후로 이 건물은 '오스트리아 호텔'로 개조되어, 바트 이슐을 방문하는 손님들을 위한 고급 호텔이 되었다. 세월이 지나고 호텔은 영업을 중단했지만 그때의 간판과 장식이 건물의 안팎에 그대로 남아 있다. 바트 이슐시는 건물을 사들여 '시립 바트 이슐 박물관'으로 개관했다. 이곳은 과거 바트 이슐 지역의 역사와 문화 그리고 주민들의 생활상 등을 주로 보여 주는 역사박물관 혹은 생활사박물관 역할을 하고 있다.

콘디토라이 차우너 Konditorei Zauner

트라운강을 따라서 아름다운 조피 산책로를 걷다 보면 커다란 카페가 "더 이상 갈 수 없어. 이젠 여기서 쉬어야 해"라며 막아서듯이 나타나는데, 이곳이 바로 차우너다. 정확한 이름은 '콘디토라이 차우너' 즉 '차우너 과자점'으로, 1832년에 설립되어 200년의 역사를 눈앞에 두고 있다. 시골 과자 가게가 별것 있겠냐고? 천만의 말씀. 이 산속 마을에 있는 과자 가게에서 오스트리아 최고의 과자를 만들고 있다고 한다.

프란츠 요제프 황제 부부가 여름마다 바트 이슐에 머물기 시작하면서 이 도시는 점점 세련되어졌고, 필요한 것도 점점 많아졌다. 프란츠 요제프 황제의 시의侍醫였던 프란츠 데 파울라 비러 박사는 과자를 좋아하는 황제가 이곳에서 먹을 만한 과자가 없는 것을 안타깝게 생각하여, 빈으로 가서 황실 납품용 과자를 만들 수 있는 자격을 갖춘 과자 장인 요한 차우너(1803~1868)를 데리고 왔다.

바트 이슐의 기존 가게에서 과자를 만들던 차우너는 1832년 파르가세에 처음으로 자신의 가게를 열었다. 가게는 3대째 주인인 빅토르 차우너 때에 전성기를 맞아서 유명해졌다. 자녀가 없던 그는 종업원 로지나 외프너를 입양하여 가업을 잇게 했다. 1927년 빅토르 차우너는 조피 산책로의 카페 발터를 인수하고 '카페 에스플라나데 차우너'를 연다. 그것이 지금 강가의 그 카페다. 그때부터 이곳은 바트 이슐을 방문하는 사람이라면 꼭 가 봐야 할 도시의 명소가 되었다.

제2차 세계대전이 끝나고 독일의 과자 장인 리하르트 쿠르트(1908~1970)가 양부모의 결혼으로 차우너 가문에 합류한다. 1958년 브뤼셀 만국박람회에서 쿠르트가 출품한 '이슐 과자'란 뜻의 이슐러 퇴르트헨Ischler Törtchen이 금메달을 수상하면서 차우너의 명성은 국제적으로 알려졌다. 1959년에 작곡가 오이겐 브릭셀(1939~2000)은 이 과자 맛에 감동하여 왈츠곡 「이슐러 퇴르트헨」을 작곡하기도 했다.

차우너는 바트 이슐에 오는 많은 명사들이 꼭 들르는 곳으로 도시의 사랑방 역할을 했다. 프란츠 레하르나 레오 팔 같은 작곡가들을 위시하여, 레오 슬레자크나 리하르트 타우버 같은 전설적인 성악가들도 단골로 드나들었다. 레하르는 이 카페에서 작곡을 하기도 했다. 이전에는 무도실이 있어서 매주 오페레타를 공연하기도 했다. 무도장은 1989년에 다시 문을 열었다가 2010년에 닫았다. 차우너에는 지금도 과자 기술자 22명이 근무하고 있으며, 오스트리아 전국에서 가장 큰 케이크 뷔페가 있다.

콘디토라이 차우너

오스카 슈트라우스
Oscar Nathan Straus, 1870~1954

인물

오스카 슈트라우스는 빈의 오페레타 작곡가다. 그는 오페레타 외에도 500여 곡에 달하는 카바레 송과 많은 영화음악과 관현악 곡을 작곡했다. 그의 성은 'S'가 두 개 있는 'Strauss'이지만 유명한 작곡가 슈트라우스 가문으로 오해받기 싫어서, 'S' 하나를 빼고 'Straus'를 필명으로 사용했다. 슈트라우스 가문과 엮이지 않고 스스로 성공하겠다는 젊은이 특유의 호기를 보였다. 그러나 요한 슈트라우스의 이름을 넘어서지 못하고 요한 슈트라우스 2세의 조언으로 왈츠 작곡가의 길을 걷게 되니, 결국 굴복하고 만 셈이다.

"
슈트라우스를 능가하고 싶었던
또 다른 슈트라우스
"

오스카 슈트라우스는 빈에서 오페레타 작곡가로 성공하여, 프란츠 레하르의 라이벌로 대두한다. 빈에서 레하르가 그 유명한 『즐거운 미망인』을 초연했을 때, 그가 객석에서 "그런 건 나도 할 수 있어!"라고 외쳤다는 일화가 있다. 유대인이었던 그는 나치가 집권하자 할리우드로 가서 영화 음악을 만들었다. 제2차 세계대전이 끝나자 다시 유럽으로 돌아오는데, 그때 선택한 도시가 바트 이슐이었다. 그는 레하르의 도시로 돌아온 꼴이다.

카페 람자우어 Café Ramsauer

차우너가 화려한 황실과 귀족을 겨냥한 곳이라면, '카페 람자우어'는 동네 깊숙이 숨어 있는 소박한 카페다. 1826년에 차우너보다 앞서 오픈하여 바트 이슐에서 가장 오래되었다. 황족이나 귀족은 덜 찾지만, 대신 검소하고 지적인 사람들이 방문하는 곳으로 알려져 있다. 특히 여름 한철 조용히 휴식하고 싶어 바트 이슐을 찾은 요하네스 브람스와 요한 슈트라우스 2세 같은 음악가들이 즐겨 가던 곳이다.

레하르 빌라 Lehár Villa

바트 이슐에 가면 타우너강 변을 걷지 않을 수가 없다. 이 도시의 유명한 카이저 빌라나 그 주변처럼 황제와 황실의 유산이 닿아 있는 곳보다는, 시민 계급이 살았고 그들이 걸었을 법한 곳들이 우리 같은 평범한 관광객의 마음을 끄는 것은 어쩔 수 없는 일이다.

타우너강 변을 걷다 보면 조피 산책로의 강 건너편에도 강을 따라 주택들이 줄지어 서 있다. 그 강변길의 이름은 '레하르 카이(레하르 천변)'다. 그 레하르 카이 가운데에 가장 반듯한 저택을 올려다보면 '레하르 빌라'라고 적혀 있을 것이다.

빈 오페레타의 거장 프란츠 레하르는 빈에서 큰 성공을 거두었다. 그는 여름휴가를 보내기 위해 찾은 바트 이슐에 반했다. 그리하여 집을 물색하던 그는 1912년에 이 도시의 가장 좋은 위치로 꼽히는 타우너강 변에 있는 사브란 공작부인의 저택을 구입하게 된다.

그 후로 레하르는 매년 여름을 이 집에서 보낸다. 시즌 중에는 빈을 비롯한 대도시에서 공연을 하고, 시즌이 끝나는 여름이면 아름다운 시골도시의 멋진 집으로 내려와서 여름 한 철을 보내면서 휴식 겸 충전을 하고 작곡도 하는 생활이었다. 이것은 그가 만년이 될 때까지 30년을 지속한 규칙적인 패턴이다.

지금 이 건물은 레하르 빌라라는 간판은 그대로 두고 '레하르 박물관'이 되어 공개되어 있다. 이곳은 레하르가 가장 오랜 세월을 보낸 집으로서 가치가 있으며, 또한 오페레타 세계를 엿볼 수 있는 귀중한 자료인 셈이다. 내부에는 많은 가구와 집기, 그리고 악보와 그림 등이 있는데, 레하르가 사용했던 것뿐만 아니라 레하르가 수집한 것들이다. 또한 한 방에는 월계관이 10개나 진열돼 있는데, 이것은 레하르에게 주어진 영광의 순간들을 보여 주는 것이다. 그는 오페레타가 특별한 성공을 거두었을 때 월계관을 받았다. 요즘으로 치면 골든디스크 같은 것이다. 그 10개 작품 대부분을 이 집에서 구상하고 작곡했으니 이곳이야말로 월계관을 보관할 자격이 있는 곳이다.

바트 이슐 레하르 페스티벌 Lehár Festival Bad Ischl

잘츠부르크 페스티벌은 워낙 크고 또 다양한 프로그램이 많지만, 실은 그 기간 동안에 주변의 여러 작은 도시에서도 관심을 가질 만한 마이너 페스티벌이 열린다.

그중 바트 이슐에서 열리는 소박한 공연제인 레하르 페스티벌은 시간이 난다면 하루 정도 가서 즐길 만한 축제다. 흔히 바트 이슐 페스티벌이라고도 부르는데, 정식 명칭은 '바트 이슐 레하르 페스티벌'이다. 당일치기로 공연만 보고 돌아오는 것도 괜찮고, 바트 이슐의 온천장에

레하르 빌라

서 쉬면서 하루 정도 온천도시의 느긋함을 즐겨 보는 것도 좋다.

이 페스티벌은 1961년에 에두아르트 막쿠(1901~1999)에 의해서 창설되었다. 막쿠는 린츠에서 태어난 오스트리아의 작곡가이자 지휘자다. 그는 빈에서 활동하다가 1945년에 '빈 콘서트 겸 연예 오케스트라'를 창설했다. 이 오케스트라는 주로 주말 행사에서 가벼운 음악을 연주하는 악단이었다. 오케스트라는 1974년에 '프란츠 레하르 오케스트라'로 이름을 바꾸고 지금까지 이어 온다.

막쿠는 바트 이슐에 와서 이곳에서 살았던 가장 유명한 오페레타 작곡가인 레하르의 이름을 따서 레하르 페스티벌이라는 이름으로 오페레타 축제를 창설했다. 막쿠는 1961년부터 1995년까지 35년간 레하르 페스티벌의 기반을 다지는 데 공헌했다. 이 축제는 자신의 프란츠 레하르 오케스트라를 바탕으로 진행되었다. 그의 가장 큰 공적은 오페레타의 전통을 지킨 것이다. 큰 감동은 없더라도 하루 저녁 신나는 음악으로 사람들을 즐겁게 해 주는 선물 같은 역할을 해 왔다. 막쿠는 작곡가로서 60여 편의 음악을 작곡했지만 그보다는 오페레타 지휘자와 바트 이슐 페스티벌의 설립자로 기억된다. 바트 이슐시는 그의 공적을 기리는 의미에서 '에두아르트 막쿠 광장Prof. Eduard Macku Platz'을 만들었다.

막쿠가 서거하자 바트 이슐의 페스티벌은 발터 에를라가 맡게 되었고, 반면 빈의 프란츠 레하르 오케스트라는 가브리엘 파토치스가 승계했다. 이후 여러 지휘자가 레하르 페스티벌을 지휘했으며, 2017년부터는 토마스 엔칭거가 감독을 맡고 있다. 레하르 페스티벌 기간에 오페레타 공연은 콩그레스 운트 테아터하우스에서 열린다.

프란츠 레하르
Franz Lehár, 1870~1948

인물

  오페라보다 가볍고 경쾌하고 대사가 있는 장르인 오페레타는 특히 오스트리아에서 크게 발전했으며, 지금도 그들은 오페레타를 오페라와 구분하여 대등한 장르로 취급한다. 그런 오페레타의 세계에서 프란츠 레하르는 오페레타와 동의어라고 할 만큼 성공한 인물이다. 또한 그는 요한 슈트라우스와 함께 오스트리아의 대중적 인기를 양분했던 음악가였다. 『즐거운 미망인』을 필두로 『룩셈부르크 대공』, 『집시 남작』, 『파가니니』, 『미소의 나라』, 『주디타』 등의 오페레타를 남겼다.

  레하르가 태어난 코마르노는 지금은 슬로바키아 영토지만 당시는 헝가리 땅이었다. 레하르의 아버지는 군악대장이어서 어려서부터 그는 음악 속에서 자랐다. 그는 프라하 음악원에 바이올린 전공으로 입학했지만, 드보르작 등의 권유로 작곡을 공부했다.

  음악원을 졸업한 그는 빈으로 가서 아버지의 밴드에 합류한다. 그러다가 그는 자기만의 밴드를 조직하는데, 오스트리아 전체에서 가장 어린 악장이었다. 스물여섯 살에 처음으로 오페레타를 발표한다. 레하르는 1902년에 빈의 유명한 테아터 안 데어 빈의 지휘자 자리를 차지하고, 그곳에서 자신의 오페레타를 공연한다.

  당시 레하르의 인기는 대단했다. 초기 영화산업의 혜택을 받아 몇몇 오페레타는 영화로도 알려진다. 또한 레하르는 당대 이름난 테너였던 리하르트 타우버와 친하게 지내며 그를 위해 오페레타를 작곡했고, 이렇게 두 사람은 서로의 인기를 상승시켜 주는 관계가 되었다. 레하르는 자신의 작품을 출판하는 출판사까지 두게 되고, 동생에게 재산과 저작물의 관리를 맡게 하는 등 큰 성공을 거둔다.

<blockquote>
"
세상에서 성공했지만,
세상을 등진 명사
"
</blockquote>

하지만 그에게도 그늘이 있었다. 히틀러가 레하르의 오페레타를 좋아했지만, 히틀러와 레하르의 관계는 순탄치 못했다. 그것은 레하르의 아내가 유대인이었으며, 레하르가 유대인 출연자들을 선호한다는 생각을 나치가 가지고 있었기 때문이었다. 그런 갈등 속에서도 레하르는 『즐거운 미망인』의 50회 공연을 기념하는 특별 악보를 히틀러에게 선물하기도 했다. 레하르는 부와 명예를 거머쥐었지만 나치가 득세하는 세상에 염증을 느껴 산속의 작은 도시 바트 이슐에 칩거하며 세상으로부터 자신을 지켜 나갈 수밖에 없었다. 제2차 세계대전이 끝난 후 1948년에 레하르는 바트 이슐의 집에서 78년의 생을 마친다.

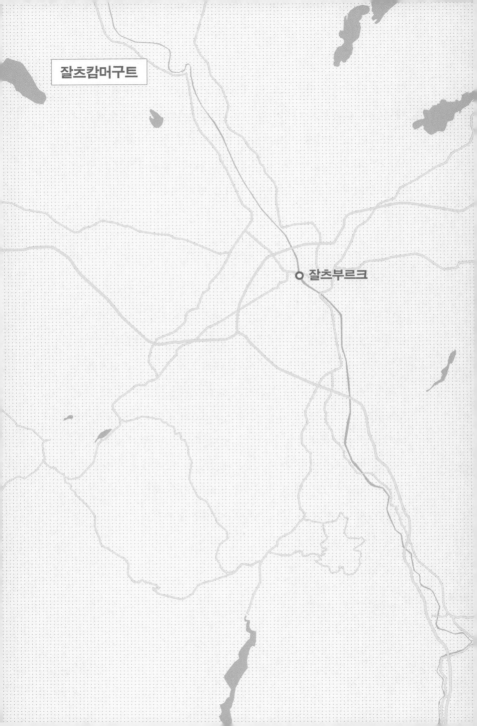

잘츠캄머구트

잘츠부르크

구스타프 클림트 센터
슐로스 캄머

아터제

말러의 오두막

성 미카엘 성당
몬트제

엘 슐로스 푸슐

레드불 본사

장크트 길겐 ○ 모차르트 하우스

장크트 볼프강 ○ 호텔 바이세스 뢰슬

바트 이슐 ○

할슈타트

잘츠캄머구트

잘츠캄머구트

'잘츠캄머구트'는 잘츠부르크시에서 동쪽으로 펼쳐진 자연경관 지구라고 할 수 있는데 잘츠부르크와 린츠 사이의 아주 아름다운 전원 지역이다. 영화 『사운드 오브 뮤직』의 시골 풍경을 떠올리면 쉽다. 더 정확하게 말하자면 서쪽으로는 잘츠부르크, 동쪽으로는 슈타이어, 북쪽으로는 벨스, 남쪽으로는 할슈타트 사이의 지역이다. 즉 이른바 '오스트리아 알프스'로 이어지는 곳이기도 하다. 여기에는 과거 빙하가 지나갔던 U자형 협곡들이 펼쳐져 있는데, 거기에 빙하 녹은 물이 담겨서 호수가 곳곳에 형성되어 있다. 그래서 호수, 산, 숲, 들, 그리고 작은 마을이 연이어 나타나는 그야말로 달력의 풍경사진 같은 곳이다. 이 지역은 유네스코 문화유산으로 지정되어 있다.

이 지역을 동쪽으로 흐르는 트라운강은 나중에 도나우강과 만난다. 이곳의 호수 가운데 주목할 만한 것은 아터제, 트라운제, 볼프강제, 몬트제, 푸슐제, 할슈타트제 등이다. '제see'는 독일어로 '호수'라는 뜻으로 호수 이름은 대체로 '제'로 끝난다. 이 지역의 가장 큰 도시는 잘츠부르크이며 또한 이 지방의 주도州都이기도 하지만, 지리적으로 잘츠캄머구트 한가운데에 위치하는 도시는 바트 이슐이다. 그 외 잘츠캄머구트의 대표적인 도시가 장크트 볼프강, 그문덴, 장크트 길겐, 푸슐, 할슈타트 등이다.

잘츠캄머구트Salzkammergut는 '소금을 가진 공간적 재산'이라는 뜻인데, 과거 오스트리아 제국에서 황실이 소금 광산을 관장하기 위해 설치한 부서의 이름에서 유래한 것이라고 한다. 이곳은 인간의 생명 유지에 없어서는 안 되는 소금이 대량 생산되는 지역이었다. 즉 과거에 이 땅이 큰 바다 밑에 있었기 때문에 땅속에 암염이 묻혀 있는 것이다.

하지만 지금 이 지역이 각광받는 이유는 소금이 아니라(사실 소금은 찾아보기 어렵다) 아름다운 자연 때문이다. 석회암으로 이루어진 흰색의 높은 산봉우리들과 빛나는 바위들, 그 사이의 짙은 숲과 넓은 초원, 빙하가 만들어 낸 아름답기 그지없는 호수들과 그것을 이어 주는 강물들, 그리고 드넓게 펼쳐진 늪지와 초지 등으로 유명한 유럽에서도 손꼽히는 경관 지구다. 잘츠캄머구트가 과거에 소금으로 사람의 생명을 지켜 주고 그것으로 부를 축적하게 해 주었다면, 지금 잘츠캄머구트는 세계에서 찾아오는 사람들에게 소금 이상의 생명력 넘치는 오염되지 않은 자연을 제공한다.

잘츠캄머구트의 봄은 초록의 초장 위에 갖가지 꽃이 만발하는 무척 인상적인 계절이다. 여름이면 숲은 짙푸르게 변하고 호수는 더 짙고 깊어진다. 사람들은 물에서 하는 수영, 낚시, 뱃놀이, 그리고 육지에서 하는 트래킹, 등산, 자전거, 캠핑 등을 즐기기 위해 끝없이 모여든다. 이 지역 곳곳에서 수많은 종류의 세계적인 페스티벌(잘츠부르크 페스티벌만이 아니라)이 열린다. 이 지역 가을의 아름다움은 말로 표현할 수 없다. 겨울이 되면 엄청난 눈이 내려 스키를 타러 사람들이 모여든다. 그리고 빙하가 녹는 봄이 되면 다시 강물이 소리 내고 만물이 소생한다.

잘츠캄머구트

장크트 길겐 주변

레드불 본사Red Bull

　잘츠부르크 시내를 벗어나 잘츠캄머구트로 향하기 위해서는 먼저 인근의 아름다운 마을 푸슐Fuschl am See 쪽으로 달려야 한다. 날씨가 좋으면 좋은 대로 안개가 끼거나 비바람이 치면 또 그 나름대로 운치가 있어 창밖 풍경을 넋을 잃고 바라보게 되는데 그러다 지나치기 쉬운 현대식 건물이 레드불 본사다. 2014년 조각가 요스 피르크너Jos Pirkner(1927~)의 디자인을 바탕으로 완공할 당시 화제를 불러일으켰던 건물이다.

레드불 본사

레드불 본사는 모양이 독특하다. 삿갓 모양의 나지막한 건물 두 개가 낮고 넓게 모여 있는 모습이다. 옆으로 편안하게 늘어선 건물 전체가 유리로 되어 있다. 밖에서도 일하는 직원들의 모습이 환히 보인다. 그렇다면 안의 직원들은 어떨까? 뒤로는 짙푸른 숲이 늘어서 있고 앞으로는 연못이 있고 연못 너머로는 탁 트인 풀밭이 펼쳐져 있다.

이것은 도시 한복판의 고층빌딩으로 인식되던 사무실 건물의 패러다임을 일시에 바꾼, 선구적인 건축물이다. 항상 자연과 함께하는 사무실, 비가 오나 눈이 오나 사시사철이 다 아름답다. 게다가 잘츠부르크 시내에서 자동차로 30분이면 충분히 닿을 거리에 있다.

건물보다 먼저 눈에 띄는 것은 건물 마당에 있는 연못과 연못 위의 황소 떼 동상이다. 티롤 지방에서 태어난 조각가 요스 피르크너는 그라츠와 잘츠부르크 등에서 조각 교육을 받았다. 네덜란드의 유트레흐트 자유 아카데미에서 수련하고 이후 네덜란드에 정착하여 25년이나 활동했다. 그러던 그가 1978년에 고향 오스트리아로 돌아와 린츠나 잘츠부르크를 기점으로 작품 활동을 하고 있다.

그를 대표하는 작품은 '말'과 '소'와 '인물'인데, 특히 오스트리아 인스부르크의 분수대와 독일 뮌스터에 설치된 말들이 유명하다. 그는 이곳 푸슐의 레드불 본사에 '푸슐의 황소들Bulls of Fuschl'를 설치했다. 회사 이름이 '붉은 황소'인 이 회사로서는 황소 조각가 피르크너에게 의뢰하는 것이 당연한 선택이었을지도 모른다. 본사 마당에 설치된 황소 14마리가 물속으로 뛰어드는 모습은 공격적인 마케팅으로 세계를 놀라게 하는 이 회사의 이미지와 딱 맞아떨어진다. 길이가 22미터에 이르는 이 일련의 조각 군상은 유럽에서 가장 큰 청동 조각상이다.

잘츠부르크에 가면 종종 눈에 띄는 것이 '레드불'이라는 음료수다. 시내 곳곳에서 레드불 광고판을 볼 수 있고, 여러 행사장에서도 레드불의 로고를 볼 수 있다. 호텔의 냉장고에도 레드불에서 만든 음료수가 들어 있으며 심지어는 아침 뷔페에도 다른 데서는 보기 힘든 '레드불'이나 '카르페 디엠' 같은 레드불 계열의 음료수가 나온다.

레드불Red Bull GmbH은 '에너지 음료'라는 이미지로 성공한 오스트리아 회사다. 잘츠부르크의 사업가 디트리히 마테쉬츠가 태국의 사업가 찰레오 유비디야와 손잡고 만든 음료 회사로 1984년에 설립했다. 태국에서 이미 상업화되어 있던 음료수의 레시피를 개선해 1987년에 '레드불'라는 이름으로 먼저 오스트리아에, 곧이어 유럽 전역에 새로운 음료를 선보였다. 현재 레드불은 세계 165개국 이상에 지점을 가지고 있으며, 세계에서 가장 많이 소비되는 에너지 음료다. '심플리 콜라Simply Cola', '카르페 디엠Carpe Diem' 등 다양한 제품을 개발했다.

레드불의 놀라운 성장은 마케팅에 힘입은 바가 크다. 초창기에는 바이러스 마케팅의 일환으

로 대학과 유흥가에서 무료로 제품을 나누어 주며 도시의 젊고 세련된 전문가 집단을 공략했다. 다음 레드불은 스포츠 마케팅에 주력하여 '익스트림 스포츠'를 중심으로 다양한 스포츠 이벤트를 후원했다. 지금 레드불은 포뮬러 원을 비롯한 자동차, 오토바이, 스피드 보트 등의 대회에서 가장 큰 스폰서로 활약한다. 레드불은 축구, 배구, 아이스하키 등 기존 메이저 스포츠 분야에도 뛰어들었으며, 잘츠부르크 축구팀을 비롯하여 세계적으로 많은 프로 스포츠 클럽을 소유하고 있다.

잘츠부르크는 음료 분야에서 가장 앞선 회사이자 마케팅의 표상인 레드불의 탄생지이기도 하다. 레드불은 이 도시가 과거의 전통에 얽매어 있을지 모른다는 외국인들의 이미지를 불식시키는 데 크게 이바지했다.

호텔 슐로스 푸슐 Hotel Schloss Fuschl

158번 도로를 타고 푸슐을 향해 달리다 보면 왼편으로 푸슐호가 나타난다. 이 호수 초입에 슐로스 푸슐이 있다. 이곳은 지금은 호텔이지만, 건물 자체가 유서 깊으며 호수 깊숙히 절묘한 위치에 들어가 있어서 꼭 숙박을 하지 않더라도 방문할 가치가 있다.

국도를 벗어나서 진입로로 들어가면, '호텔 슐로스 푸슐'이라는 간판이 보인다. 울창한 나무 사이를 비집고 차가 호수 가까이 내려가면 그림

이미지 출처 www.schlossfuschlsalzburg.com

호텔 슐로스 푸슐

처럼 파랗고 아름다운 푸슐호가 펼쳐진다. 그리고 호수를 배경으로 동화에 나올 법한 사각의 4층 건물이 홀로 서 있는데 슐로스 푸슐, 즉 '푸슐 성城'이다.

　얼핏 보면 소박한 건물로 겉에서는 별 장식이 느껴지지 않지만, 자세히 살펴보면 겉멋을 최대한 절제한 고급 건물의 풍모를 알아챌 수 있다. 이곳은 처음부터 숲 사이에 높이 솟아 푸슐호가 내려다보이는 경관으로 유명해졌다. 푸슐호는 빙하호로 협곡에 물이 차 있는 형태다. 그런데 이곳은 호수의 서쪽 끝자락에서 호수를 세로로 바라보는 위치라서, 그 경치가 남다르다. 저 멀리 동쪽으로 펼쳐진 호수의 깊은 물이 한없이 넓게 이어져서 아련한 느낌이 든다.

성은 15세기에 지어졌으며, 처음에는 숲에 사냥하러 오는 대주교의 사냥용 여관이었다. 18세기에 들어 사냥꾼들이 숙소로 사용하면서 보존 상태가 나빠졌고 이전의 위용도 유지하지 못했다. 제2차 세계대전 후에는 이곳을 미군이 접수했다가 1947년에 원래의 상속자에게 돌려주었다. 그때부터 건물은 호텔로 재건되었다. 즉 카를 아돌프 포겔이 그의 부인인 여배우 비니 마르쿠스와 함께 이곳을 일류 호텔로 만들었다. 이 호텔은 로미 슈나이더가 주연을 맡은 영화 「시시」의 촬영장소로 사용되기도 했다. 그것 때문에 이곳을 찾는 사람을 위해 지금 이곳은 '시시 박물관'에 영화 촬영 때의 사진이나 소품 등을 전시하고 있다.

이후로 호텔의 명성이 세계적으로 알려져 네루, 흐루쇼프, 사다트, 장쩌민 같은 국빈급 인사들이 이곳에 묵었다. 호텔은 몇몇 기업의 소유를 거쳐서 지금도 세계적으로 중요한 고급 호텔의 하나로 유지되고 있다. 이 호텔에서 가장 역사적인 공간은 탑과 본관인데, 그 지하에서 16세기의 방 등 과거의 흔적을 발견할 수 있다.

호텔은 하나의 캠퍼스를 이루고 있다. 호텔의 본관이 된 성과 그에 딸린 윙으로 연결된 별관에 모두 객실이 있고, 단지에는 사냥꾼의 집, 보트 하우스, 방갈로 등 과거 성의 역사를 떠올리게 하는 시설들이 있다. 그리고 이제는 보다 대중적인 숙박객들을 위해 국도변의 입구에 세운 '쉐라톤 잘츠부르크 호텔 야크트호프'도 이 단지에 포함된다.

그리고 호수가 보이는 가장 좋은 위치에 호텔 이름과 같은 식당 '슐로스 푸슐'이 있다. 이곳의 식사는 풍경만큼이나 훌륭하다. 점심에는 새파란 호수를 바라보면서 이 호수에서 잡은 생선을 먹는 맛이, 저녁에는 호수에 깔리는 어둠을 감상하면서 식사를 하는 운치가 있다. 그러나 이 호텔에서 숙박과 무관하게 중요한 것은 성과 윙에 걸쳐서 거의 벽면들을 가득 채우고 있는 그림들이다. 이곳은 역대 주인들이 수집한 17세기에서 19세기에 이르는 오스트리아 화가들의 회화 150점을 소장하고 있어 거의 미술관 수준을 자랑한다. 실제로 이 작품들은 이 호텔에 사무실을 둔 '베른하이머 갤러리 슐로스 푸슐'에서 관리한다.

호수가 바라보이는 식당의 발코니에서 식사를 하는데, 갑자기 호수 저편 끝에서 폭풍우가 몰아치기 시작했다. 잘츠캄머구트 지역의 전형적인 지형성 강우다. 저쪽 끝에서 구름이 모여 갑자기 번개를 치고 이어서 비를 뿌리는 모습이 마치 '비는 어떻게 만들어지나?'를 다룬 내셔널 지오그래픽의 초고속 카메라로 촬영한 다큐멘터리 필름을 보는 것 같다.

식당 슐로스 푸슐

장크트 길겐 St. Gilgen

잘츠부르크를 떠난 자동차가 큰 언덕을 지나면서 길이 왼쪽으로 꺾이고 내리막이 시작되면, 전망이 트이면서 멀리 그림 같은 호수가 나타난다. 날씨 좋은 날 그곳에 간다면, 하늘 위에 행글라이더들이 떠 있고 산에서 내려오는 빨간 케이블카도 보일 것이다. 살아 있는 밝고 경쾌한 잘츠캄머구트다.

멀리 보이는 호수가 볼프강 호수이며, 그 아래로 발밑에 보이는 작은 마을이 장크트 길겐이다. 많은 사람들이 이곳에서 하차하는데, 이유는 이곳에서 배로 갈아타고 볼프강 호수를 즐기기 위해서다. 장크트 길겐이 발달한 것은 볼프강 호수의 해상교통 덕분이었다. 지금 관광객들은 일부러 배를 타지만 과거에는 장크트 볼프강으로 가기 위해서는 배를 타는 것이 훨씬 빨랐다고 한다.

장크트 길겐에서 출발하는 배는 볼프강 호수 주변을 천천히 항해한다. 배의 위층에 앉아 맥주나 커피를 즐기면서 경치를 감상할 수 있다. 볼프강 호수는 모래시계처럼 가운데가 아주 좁은 호수 두 개가 이어져 있다. 배가 가운데의 좁은 물을 통과할 때가 관람의 백미라고 할 수 있다. 풍경은 신선하고 쾌적하며 평화롭기 그지없다. 높은 절벽과 수도원, 예배당, 마을 등이 그림처럼 천천히 지나간다.

장크트 길겐은 교통 때문에 발전한 도시인데, 1893년에는 이 지역에 관광철도인 잘츠캄머구트 로칼반Lokalbahn이 건설되어 마을은 더욱 각광받게 되고, 잘츠캄머구트 지역에서 관광의 중심으로 자리 잡았다. 마을 이름이 장크트 길겐인 이유는 마을의 교회가 성자 성 길레스에게 헌정되어서다.

장크트 길겐

이곳은 풍광과 공기가 좋아, 예로부터 빈의 상류층이 별장을 짓거나 은퇴 후에 머무르는 곳으로 인기가 높았다. 독일의 헬무트 콜 전 총리도 이곳에 살았다고 한다. 최근에는 고색창연한 마을 가운데에 현대식 건물 장크트 길겐 국제학교가 세워졌다.

모차르트 하우스 Mozarthaus St. Gilgen

2005년부터 장크트 길겐은 '모차르트 마을'이라는 슬로건을 내세우며 관광객을 유혹하고 있다. 모차르트의 외할아버지가 장크트 길겐에서 살았고 모차르트의 어머니가 이곳에서 태어났기 때문이다. 그녀는 잘츠부르크로 나가서 모차르트의 아버지와 결혼했다.

모차르트 어머니의 생가가 '모차르트 하우스'라는 기념관으로 만들어졌다. 그런데 정작 이곳에 오래 산 사람은 모차르트의 누나인 마리아 안나 모차르트(1751~1829)다. 그녀는 어머니가 돌아가시자 혼자 아버지를 부양하며 살았다. 남작과의 늦은 결혼 후에도 이곳 어머니의 집에 와서 살았다. 이 집에는 그녀의 행적이 전시되어 있다. 그녀는 여기서 남편을 여의고, 잘츠부르크로 돌아가서 피아노 교사로 여생을 보냈다.

모차르트 하우스

장크트 볼프강 주변

장크트 볼프강 St. Wolfgang

잘츠캄머구트 지역 호수들 중에서도 특히 절경은 볼프강 호수다. 길쭉한 볼프강 호수의 연안에 있는 가장 큰 도시가 호수 이름과 같은 장크트 볼프강이다. 호수에서 바라보는 기가 막힌 풍경을 보기 위해 사시사철 사람들이 찾는다.

배를 타고 이곳으로 간다면 장크트 볼프강의 아름다운 모습을 잘 감상할 수 있을 것이다. 이 마을은 잘츠캄머구트 전체에서 할슈타트와 함께 호수에서 바라보는 자태가 가장 아름다운 곳이다. 마을 안도 아름답다. 기념품 가게, 카페와 식당이 줄지어서 있기는 하지만 거리가 깨끗하고 낭만적이다.

이곳은 처음에는 유럽 유수의 순례지로

장크트 볼프강 주변

유명했고 나중에는 고급 휴양지로 호텔이 많은 것으로도 유명해졌다. 마을 인구보다도 많은 순례객의 숙박이 가능했던 곳이라고 한다. 물론 지금은 순례객 대신 여유 있는 휴양객들이 그 방들을 채우고 있다.

장크트 볼프강 성당 Pfarr- und Wallfahrtskirche St. Wolfgang

호수에서 그림처럼 높고 큰 흰 종탑이 바라보이는데 이것이 장크트 볼프강 교회, 정식명은 교구교회다. 시골 교회지만 아름답고 의미도 깊은 성당이다.

마을의 이름이 장크트, 즉 성聖볼프강인 것은 성자 볼프강이 처음으로 교회를 세운 데서 유래한다. 전설에 따르면 976년에 볼프강이 높은 산에서 내려가다 도끼를 던졌다. 그리고 도끼가 떨어진 곳에 제단을 쌓고 교회를 지었다고 한다. 그것이 바로 이 성당으로 지역 최초의 교회다. 1052년에 성 볼프강은 성인으로 시성되었다. 그 후 1183년 교황 루시우스 3세가 이 교회의 순례를 언급하면서, 이곳은 가톨릭의 주요 순례 교회의 하나가 되었다.

1,000년이 넘은 낡은 성당이지만, 안으로 들어가면 황금으로 장식된 제단이 눈부시게 아름답다. 높이 12미터에 달하는 화려한 제단이 바로 도끼가 떨어졌다는 자리다. 이 제단은 조각가 미하엘 파허 Michael Pacher가 1481년에 완성한 것으로 걸작 중의 걸작이다. 종교적 심성과 예술적 감흥이 함께 어우러지는 귀중한 공간이다. 성당 밖으로 나오면 언덕 위의 테라스에 서게 된다. 푸른 볼프강 호수가 발아래 펼쳐진다. 이곳에 있으면 시간도 날짜도 기억할 수 없는, 마치 우리가 사는 세상 바깥의 어떤 흐름 속에 몸을 맡긴 듯한 착각에 빠지게 된다.

호텔 바이세스 뢰슬 Romantik Hotel im Weisses Rössl

장크트 볼프강으로 접근하는 배에서부터 눈에 띄는 건물이 종탑이 높은 장크트 볼프강 교회이고 다음이 선착장 앞에 있는 큰 호텔이다. 이 호텔이 바로 '바이세스 뢰슬'이라고 부르는 유서 깊은 호텔이다.

앞서 이야기했듯이 볼프강 교회는 500년 이상 순례 교회로 알려져 있었다. 그리하여 몰려드는 순례자를 위한 숙소가 필요했다. 초기의 순례자들은 교회 아래에 있는 민가에서 묵곤 했는데, 지금의 교회에서부터 선착장에 이르는, 즉 여러 호텔이 줄지어 서 있는 그 위치다.

그곳에 많은 호텔이 들어섰으며, 그중 유명한 호텔이 바이세스 뢰슬이다. 이 호텔은 1878년에 지어져 140년의 역사를 자랑하는데, 우리식으로 부르면 '백마장白馬莊'쯤 된다. 1912년에 파울 요한 페터가 이 호텔을 인수했고, 그가 경영의 수완을 발휘해 오늘의 명성을 얻게 되었다. 스파도 유명하다. 호텔은 지금도 가족경영 체제로 운영되며, 현재는 후손인 헬무트 페터가 3대째 주인을 맡고 있다.

이 호텔이 특히 유명해진 것은 오페레타 『백마장에서』의 배경이 된 후부터다. 이것은 랄프 베나츠키가 작곡한 오페레타로, 극중 무대가 전적으로 이 호텔이 배경이다. 작곡가 역시 이 호텔에서 이 작품을 작곡했는데, 호텔 외벽에 그 사실이 기록되어 있다.

호텔 바이세스 뢰슬

랄프 베나츠키
Ralph Benatzky, 1884~1957

인물

랄프 베나츠키는 체코 모라비아 지방에서 태어났다. 그는 가벼운 오페라와 오페레타를 많이 작곡했다. 프라하와 빈에서 독문학, 철학, 음악 등을 공부했으며 젊은 날에는 빈의 작은 극장이나 카바레 등에서 피아노를 연주했다. 카바레에서 일하는 동안 그는 카바레 송의 가사를 썼으며 15년간의 카바레 경험을 바탕으로 직접 작품을 쓰기 시작했다.

"
호텔 백마장을 세상에 알리다
"

그는 1910년에 처음 오페레타를 쓴 후로 오페레타 작곡가로 빈, 베를린 등지에서 이름을 알린다. 1930년에 유명한 『백마장에서 Im weissen Rössl』를 발표하여 전성기를 맞는다. 그 이후로 그는 인기 작곡가의 반열에 오르고 경제적으로도 성공한다.

하지만 나치가 득세하자 위협을 느낀 베나츠키는 1932년에 스위스를 거쳐 할리우드로 간다. 그곳에서 엄청난 상승세에 있던 미국 영화 산업에 뛰어들어, MGM과 계약을 맺고 영화음악을 작곡한다.

제2차 세계대전이 끝나자 그는 1948년에 스위스로 돌아와서 취리히에 정착한다. 세상을 떠난 그의 유해는 그가 가장 큰 성공을 거두었던 작품 『백마장에서』의 배경이 되었던 장크트 볼프강에 묻혔다.

『백마장에서』

『Im weissen Rössl』

오페레타

『백마장에서』는 랄프 베나츠키가 남긴 오페레타 중에서 가장 유명한 작품이다. 이 작품은 1830년 베를린에서 초연되었다. 베나츠키는 자신의 음악뿐만 아니라 관객들에게 익숙한 오스트리아의 국가나 「라데츠키 행진곡」 또는 민속 음악 등을 삽입했다.

"
잘츠캄머구트 호텔의 즐거운 생활을 보여 주다
"

『백마장에서』는 장트크 볼프강에 있는 호텔 백마장에서 벌어지는 이야기다. 때는 한창 관광 성수기로 호텔에 묵는 손님들의 다양한 요구가 쏟아진다. 이곳에서 오랫동안 근무한 수석 웨이터 레오폴트조차 정신을 차리지 못한다. 그런 와중에 레오폴트는 호텔의 여주인인 미망인 요제파를 향한 연정을 누그러뜨리지 못한다. 하지만 요제파는 레오폴트의 호의를 무시하고 호텔의 단골인 돈 많은 지들러 박사에게 관심을 보인다…… 갑자기 프란츠 요제프 황제가 이 호텔에 납시게 되고, 결국 황제의 중재로 요제파는 진정한 사랑을 발견하게 된다는 이야기다.

세속적이면서도 재미있는 구성 속에서 전형적인 오스트리아 춤, 빈 음악, 베를린 카바레, 그리고 독일 징슈필 등의 요소가 다양하게 섞인 작품이다. 유럽 전역에서 크게 성공했다.

몬트제 주변

몬트제 Mondsee

몬트제는 우리말로 '월호月湖', 즉 '달의 호수'로 이름처럼 아름다운 곳이다. 호반의 북쪽 끝에는 같은 이름의 마을이 있다. 깨끗하고 아름답고 고즈넉한 이 마을에는 오스트리아에서 가장 오래된 수도원이 있었다. 하지만 이 지역이 세속화하면서 수도원의 기능을 상실하고, 건물은 이제 '몬트제 성Schloss Mondsee'이라고 불린다.

이 성을 중심으로 상업용이나 주거용 등 여러 용도로 사용되는 건물군이 형성되어 호숫가 깊숙이 한 마을을 이루었다. 마을도 아름답지만, 이 마을의 아름다운 호수까지 찾아가는 길도 아름답다.

성 미카엘 성당 Basilika St. Michael

이 마을에서 가장 중요한 건물은 수도원에서 사용하던 성당이다. 흔히 '성 미카엘 성당' 또는 '바실리카 몬트제'라는 이름으로 불리는 크고 아름다운 노란색 성당이다. 1104년에 이곳에 잘츠부르크 대교구에서 수도원 교회를 지었다. 여러 차례 화재와 파괴로 소실되었고, 지금의 교회는 1487년에 재건한 것이다. 이 교회는 오스트리아에서 가장 중요한

성 미카엘 성당

역사적인 건축물에 속한다.

성당은 높이가 무려 70미터에 너비 34미터에 이른다. 겉은 후기 고딕 양식이지만, 실내는 바로크 양식으로 마인라트 구겐비흘러가 디자인했다. 장소에 걸맞지 않을 정도로 아름답고 멋진 건축물이며, 파이프 오르간도 유명하다. 황제의 교회 개혁으로 수도원은 폐지되었다가 1809년에 나폴레옹이 이 지역을 몰수하여, 자신의 부하 카를 필리프 폰 프레데에게 하사했다. 그것을 다시 1985년에 시에서 사들여 오늘에 이른다.

교회 안으로 들어가면 규모는 장대하고 분위기는 장엄하다. 사실 이곳이 영화『사운드 오브 뮤직』에서 마리아와 폰 트라프 대령이 결혼식을 올린 곳, 아니 정확히 말하자면 결혼식 장면을 촬영한 곳이다. 그러므로『사운드 오브 뮤직』팬이라면 한번쯤 와 봐야 할 곳이다.

마리아 폰 트라프
Maria von Trapp, 1905~1987

인물

잘츠부르크 하면 떠오르는 영화 『사운드 오브 뮤직』 덕에 마리아는 영화와 동격同格이 되었다. 우리에게 배우 줄리 앤드류스의 이미지는 바로 마리아였으니, 지난 50년간 마리아는 줄리 앤드류스이고 앤드류스는 곧 마리아였다.

"
실제 줄리 앤드류스의 흥미진진한 일생
"

『사운드 오브 뮤직』은 실화에 가깝다. 그것은 스위스로 망명한 마리아가, 미국에 정착한 후에 과거를 회상하며 쓴 자서전 『트라프 가족 합창단 이야기The Story of the Trapp Family Singers』를 바탕으로 한다. 본명은 마리아 아우구스타 쿠체라로, 결혼 후의 이름은 마리아 아우구스타 폰 트라프 남작부인Baroness Maria Augusta von Trapp이다.

국립사범학교를 졸업한 그녀는 수녀가 되고자 잘츠부르크의 논베르크 수녀원에 들어간다. 수련 중에 그녀는 게오르크 루트비히 폰 트라프 남작의 아이들의 교사가 될 것을 제의받는다. 그녀가 가정교사 일을 수락하고 아이들을 돌보게 되는 과정은 『사운드 오브 뮤직』과 거의 같다. 그녀는 게오르크 폰 트라프 남작과 결혼하여 남작의 두 번째 부인이 된다. 제2차 세계대전이 발발하고 미국으로 망명한 그들은 '트라프 가족 합창단'을 창설하고 활동한다.

『사운드 오브 뮤직』은 마리아 폰 트라프 남작부인의 회고록『트라프 가족 합창단 이야기』를 원작으로 한 뮤지컬 작품이다. 영화로 더 알려졌지만, 원래 뉴욕 브로드웨이의 뮤지컬 작품이다. 미국 뮤지컬의 거장인 리처드 로저스가 작곡을, 그와 함께 콤비가 되어 많은 명작을 탄생시켰던 대본가 오스카 해머스타인 2세가 대본을 맡았다.『사운드 오브 뮤직』은 '로저스와 해머스타인 콤비'가 만든 뮤지컬 중에서도 최후의 작품이다. 1959년에 브로드웨이에서 초연된 후 9개월 후에 세상을 떠난 해머스타인은 이 작품이 그토록 유명해질 줄 알았을까.

"
잘츠부르크를 알린
전설의 브로드웨이 뮤지컬
"

　　특히 1965년에 개봉한 영화에서 줄리 앤드류스와 크리스토퍼 플러머가 주연을 맡았으며, 이 영화는 작품상을 비롯하여 아카데미상을 5개나 수상하면서 세계적으로 히트했다. 여기에는 사람들이 오스트리아 민요로 오해하지만, 실은 로저스와 해머스타인이 창작한「에델바이스」를 비롯하여「도레미 송」,「마리아」,『사운드 오브 뮤직』,「내가 좋아하는 것들」,「모든 산에 올라」,「외로운 양치기」 등 지금도 사랑받는 히트 넘버가 수두룩하다.

제2차 세계대전 직전 잘츠부르크의 논베르크 수녀원이 첫 무대로 등장한다. 수녀가 되기 위해 수련 중인 마리아 라이너 수녀는 산에서 보낸 어린 시절을 그리워하며 오늘도 산에서 『사운드 오브 뮤직』을 부르며 놀고 있다. 이에 대응하여 수녀원장과 다른 수녀들은 그런 마리아를 어떻게 해야 할지 고민하며 「마리아」를 부른다. 수녀원장은 마리아에게 바깥 생활을 권한다. 그리고 소개해 준 일자리가 해군 대령 게오르크 폰 트라프 집안의 가정교사다.

대령은 아이들을 군대식으로 관리한다. 하지만 마리아는 음악으로 아이들을 양육하기 위해서 기본적인 것부터 가르친다. 이것이 「도레미 송」이다. 그러면서 마리아는 아이들과 가까워진다. 집에서 파티가 열리자, 아이들은 마리아에게 배운 노래 「안녕, 안녕히」를 손님들 앞에서 부른다. 그것을 본 대령의 친구인 흥행사 맥스는 아이들을 축제에 초대한다. 어느새 서로의 사랑을 인정한 대령과 마리아는 결혼식을 올린다. 신혼여행에서 돌아온 대령은 집에 나치 깃발이 걸려 있는 것을 보고 분개하면서 축제 참여도 금지한다. 독일 해군은 대령에게 독일 해군 장교 자리를 제안한다. 대령은 축제를 이유로 입대를 미룬다. 축제에 가족이 참석하여 노래를 부르는데, 대령도 오스트리아를 상징하는 가사가 있는 「에델바이스」를 부른다. 트라프 가족이 수상팀으로 호명되지만 보이지 않는다. 그들은 이미 국경선을 피해 「모든 산에 올라」를 부르면서 알프스를 넘는 중이다.

아터제 주변

말러의 오두막Gustav Mahler KomponierHäuschen

　말러는 잘츠캄머쿠트 지역의 아터제 부근 슈타인바흐에 있는 게스트 하우스에서 여름휴가를 보냈다. 말러의 여동생 유스티네가 발견한 이곳은 수려한 경관을 자랑하면서도 손님이 적어 저렴하게 대여할 수 있었다. 말러는 이곳에서 여러 개의 방을 빌렸고, 유스티네를 비롯한 가족들과 그의 오랜 친구들 및 그들의 가족들이 말러와 함께 머물렀다. 그러나 작곡할 때만큼은 완전히 고요하기를 원했던 말러는 따로 오두막을 한 채 지어 그곳에서 작업을 했다.

　말러는 이 오두막에서 잠자고 아침 일찍 일어나 작곡을 했다. 아침 호수의 적요와 청명함 속에서 작곡할 때 가장 악상이 잘 떠올랐기 때문이다. 하녀는 노크도 하지 않고 들어와 커피와 간단한 아침 식사를 살며시 놓고 나갔다. 말러는 점심때까지 작업을 하다 낮이 되면 본관으로 올라가서 가족이나 친구들과 대화하며 즐거운 시간을 보내기도 했다. 저녁에는 찾아오는 손님과 함께 저녁 식사를 했다. 말러는 슈타인바흐에 1893년부터 1896년까지 매년 여름 동안 머물렀다. 그리고 이 오두막은 말러를 기리는 의미에서 1983년에 원래의 모습에 가깝게 수리되어 지

금도 말러 팬들을 기다리고 있다. 이 마을에서는 작은 '말러 페스티벌'
도 열린다.

슈타인바흐까지 가는 길은 대단히 아름답다. 린츠로 향하는 고속도로
를 달리는 길은 빠르지만 운치가 덜하고, 볼프강 호수와 아터제를 옆으
로 보면서 달리는 옛길은 멀리 돌아가게 되지만 그야말로 그림 같은 드
라이브 코스다. 알프스의 만년설이 녹아서 여름에는 수량이 넘친다. 물

말러의 오두막

이 손에 닿을 듯이 넘실대는 사이로 집들이 점점이 박혀 있는 청정 지역이다. 겨울에 방문한다면 폭설 때문에 길이 폐쇄되는 경우도 있지만, 호수의 설경은 그야말로 인생에서 한 번 만나기 힘든 한 폭의 풍경화다.

자동차가 슈타인바흐 가까이 접근하면 소박하게 그려진 말러의 얼굴 깃발들이 마을에 거의 다 왔음을 알려 준다. 이곳에서 가장 큰 여관에 속하는 호텔 '푀팅거Föttinger'에서 말러 오두막을 관리하고 있어 오두막에 들어가려면 호텔 직원에게 열쇠를 받아야 한다. 관람은 무료지만, 그래도 영업하는 집이니 고맙다는 뜻으로 호텔 1층의 전망 좋은 식당에서 커피라도 한잔하면 어떨까? 말러가 악상을 떠올리며 바라보던 여름의 경치는 덤이다.

열쇠를 돌려 오두막 문을 열면, 말러의 교향곡이 스피커에서 흘러나온다. 처음 그 음악을 들었을 때는 눈물이 솟구쳤다. 이 좁은 방에서(피아노 하나와 책상 하나가 오두막을 꽉 채울 정도로 좁다) 말러는 스스로를 채찍질하며 위대한 음악을 만들어 냈구나! 우리는 그의 음악으로 행복을 얻는다.

밖으로 나와 바라보는 호수는 아름답고 고요하기 그지없다. 주변에는 여름철 물놀이를 나온 젊은이들이 물에 뛰어들기도 하지만, 조금만 기다리면 어느덧 다시 조용해진다. 말러는 매일같이 들리던 호수의 흔들림, 돌의 반짝임, 멀리 구름이 지나가는 소리, 나무 그들이 움직이는 소리와 들리지 않는 소리로 음악을 만들어 냈다. 지금이나 100년 전이나 이곳 풍경은 그대로다. 이곳에서 말러는 교향곡 2번과 3번을 작곡했다.

한번은 말러의 조수이자 제자인 지휘자 브루노 발터가 말러를 방문했다. 발터는 풍광에 감탄을 금치 못하고 넋을 놓고 호수를 바라보았다. 그러자 책상에서 작업을 하던 말러가 말했다. "그렇게 볼 것 없어. 그 경치는 모두 내 악보 속으로 들어왔다고……."

구스타프 말러
Gustav Mahler, 1860~1911

인물

　세기말 오스트리아의 작곡가 가운데 가장 중요한 인물인 구스타프 말러는 보헤미아 지방에서 태어나고 모라비아에서 성장한 유대인이다. 하지만 당시는 이 모든 지역이 오스트리아 땅이었기 때문에 그를 오스트리아 작곡가로 분류한다. 말러는 빈 음악원에서 음악을 배웠지만, 다시 빈 대학에 들어가 역사와 철학을 공부했다. 이것은 음악만 아는 악사가 아니라 그가 음악의 좌표를 아는 지성이 되는 기초가 되어 주었다.

" 교향곡으로 자신만의 세계를 그려 낸 영원한 이방인 "

　말러는 20대부터 지휘자로 음악 인생을 시작한다. 지금은 작곡가로 유명하지만, 생전에 말러는 지휘자로서 널리 알려졌다. 그는 1897년에 제국의 가장 중요한 음악적 지위인 빈 오페라극장의 음악감독이 된다. 지휘자로서 말러의 명성은 최고였다. 하지만 말러는 자신의 음악을 작곡하여 세상에 내놓고 싶었다. 사람들은 말러가 지휘하는 베토벤의 교향곡이나 바그너의 오페라에 박수를 보냈지만 말러는 기회가 있을 때마다 자신의 교향곡을 선보이고 싶어 했다. 그러나 관객들이 원하는 일은 아니었다. 그렇게 자신의 음악을 이해하지 못하는 청중의 편견에도 말러는 꾸준히 교향곡을 작곡했고, 그의 음악을 지지하는 사람들도 차츰 늘어났다. 지휘와 작곡이라는 두 가지 일을 병행하는 말러에게는 시간이 절대적으로 부족했다. 시즌 동안에는 극장의 음악감독으로서 눈코 뜰 새 없이 바빴다. 할 수 없이 평소에 악상이나 아이디어가 떠오르면 간단한 스케치만 해 놓고 여름 휴가철에 집중적으로 작곡하는 방식을 택할 수밖에 없었다. 그것이 그가 현실과 이상을 양립시키는 해결책이었다.

시즌 동안 빈에서 격무에 시달린 말러는 여름 휴가철이 되면 시골에 칩거하여 작곡에 매진했다. 그럴 때마다 그는 가족의 방해를 받지 않는 작곡실을 따로 짓곤 했는데, 이른바 '말러의 오두막'이다. 말러는 도합 세 개의 오두막을 지었는데, 그중에서 아터제의 것이 가장 유명하다.

생전에 지휘자로 알려졌지만, 이제 말러의 지휘는 볼 수 없다. 대신에 말러가 남긴 교향곡들은 지금 클래식 콘서트 레퍼토리에서 가장 중요한 위치에 있다. 말러는 사회적으로나 가정적으로나 평생 힘들게 살았다. 그는 자신의 삶을 이렇게 평가했다.

나는 삼중으로 고향이 없다. 오스트리아에서는 보헤미아인으로 이방인이었으며, 독일인 중에서는 오스트리아인으로 이방인이었고, 세계에서는 유대인으로서 이방인이었다. 나는 어디서나 이방인이었고, 어디서도 환영받지 못했다.

여성의 누드화를 많이 그린 클림트였던 만큼, 빈에 있는 스튜디오에는 벗다시피 한 모델들이 우글거렸다는 이야기가 전해진다. 하지만 클림트도 가끔은 그런 모델들과 말 많은 빈의 사교계를 벗어나 쉬고 싶지 않았을까? 그는 여름이면 잘츠캄머구트의 아터제에 와서 휴식을 취했다. 그곳은 아터제 북쪽에 있는 작은 마을 리츨베르크로, 처음 이곳을 찾은 그는 이곳이 마음에 들어 이후로 매년 여름마다 찾게 되었다. 모델은 한 사람도 데려가지 않았고, 현지에서도 모델을 구하지 않았다.

클림트가 그린 것은 호수의 풍경, 즉 수면에 잔잔하게 일렁이는 물결, 그 위에 반짝이는 햇살, 나뭇잎, 나뭇가지, 그리고 멀리 보이는 산과 구름이었다. 풍경화를 그리는 동안 그는 영혼의 안정을 찾았으며 그림을 그리는 행위는 다시 빈으로 돌아가 활동할 에너지가 되어 주었다.

아터제를 담은 클림트의 풍경화는 몇 가지 특징이 있는데, 하나는 캔버스의 가로, 세로 길이가 같다는 점이다. 즉 그때까지 풍경화는 가로로 긴 것을 당연하게 여겼다. 하지만 클림트는 가로, 세로가 거의 같은 정사각형의 캔버스를 풍경화에 이용했다. 다음으로 이 정사각형의 풍경화에서 클림트는 눈높이를 아주 위쪽에 두거나 아니면 극단적으로 아래쪽에 두는 파격의 구도를 사용했다. 이런 그만의 독특한 시도들은 풍경의 새로운 아름다움을 우리에게 전해 준다. 풍경화에서 그는 다시 이전의 인상파적인 방식이나 점묘법 같은 기법을 마음껏 사용했다.

클림트는 1900년부터 1916년 사이에 여름마다 이곳을 찾았다. 그가

구스타프 클림트 센터

이곳에서 그린 풍경화만 50점이 넘는다. 클림트가 아터제를 찾을 때 그와 동행한 유일한 여인은 에밀리 플뢰게다. 두 사람은 평생 동안 우정을 유지하는데, 그녀는 클림트보다 먼저 세상을 떠난 동생 에른스트의 처제였다. 에밀리는 지혜롭고 지적인 여성으로서, 클림트의 그림 몇 점에도 등장한다. 그녀는 클림트의 어머니와 누이를 이어 독신이었던 클림트의 살림과 재정을 맡기도 한 평생의 동지였다.

아터제는 아름다울 뿐만 아니라 장대하기도 하다. 이곳은 잘츠캄머구트에서 가장 큰 호수다. 아터제는 수질이 가장 깨끗한 호수로도 일컬어진다. 투명한 호수는 밑바닥이 보일 정도다. 아터제는 바람으로도 유명하다. 주변에 장미 정원이 있어서 그 장미향을 머금은 아터제의 바람을 '장미 바람'이라고 부른다.

이곳에 도착하면 클림트의 흔적을 일부러 찾을 것도 없이 인쇄한 클림트의 커다란 그림이 눈길을 끈다. 그리고 뒤로 보이는 현대식 건물이 '구스타프 클림트 센터'로, 클림트의 세계를 알리기 위해 최근에 만들었다. 이곳에 클림트 진품은 거의 없고 대부분이 인쇄물이지만 체계적인 전시와 자세한 설명은 유용하다. 무엇보다도 클림트가 여름마다 휴가를 보내던 곳에서 클림트를 생각하게 하는 의미 깊은 장소다. 이곳의 입구에는 이렇게 적혀 있다.

클로드 모네의 지베르니, 폴 세잔의 프로방스, 그리고 에곤 실레의 크루마우에 해당하는 곳이 클림트에게는 아터제다.

구스타프 클림트

Gustav Klimt, 1862~1918 —————— 인물

구스타프 클림트는 우리에게 잘 알려진 화가다. 그는 빈에서 장식미술가의 아들로 태어났다. 그는 미술계의 주류인 빈 미술아카데미가 아니라 장식예술을 하는 빈 응용미술학교를 졸업했다. 즉 클림트는 젊어서 순수미술을 배울 기회가 없었지만, 공부한 장식미술에서 최고의 위치에 오르고, 다음에는 자신을 넘어서서 결국 최고의 순수미술가가 된 화가다.

클림트가 졸업할 무렵 빈은 링 슈트라세를 건설하는 대개발 시대를 맞이하고 있었다. 엄청나게 많은 건물들이 빈에 들어서기 시작했다. 그때 클림트는 자신의 동창인 동생 에른스트와 친구 프란츠 마치와 함께 '3인의 미술가 회사'를 설립했다. 이 회사는 링 슈트라세 건설로 세워지는 건물들의 실내장식을 수주하여 많은 작품을 남겼다. 이들은 경제적 성공도 거둔다. 그때 장식을 맡은 건물들이 빈 미술사 박물관, 부르크 극장, 빈 대학 등이다.

19세기 말에 영국, 프랑스 등지에서 벌어진 아방가르드 미술 운동을 목도한 클림트는 오스트리아의 미술이 전통과 권위에 집착하여 발전이 늦다고 판단했다. 그리하여 보수적인 빈 미술 아카데미에 대항하는 젊은 미술가, 건축가 들을 결합하여 빈 스타일의 새로운 아르누보 운동, 즉 '빈 분리파'를 결성했다. 처음에는 일개 장

식미술가로 출발한 클림트가 분리파를 이끌면서 그때까지의 관료적이고 권위적인 예술계를 개혁하고 새로운 현대미술의 경향을 불어넣었다.

> "
> 한 명의 계승자도
> 한 명의 제자도 두지 않고
> "

1902년 요제프 마리아 올브리히가 설계한 분리파 회관의 건립은 미술계 개혁의 상징이 되었고, 그 건물에 클림트는 베토벤의 교향곡 9번을 소재로 한 「베토벤 프리즈」를 그리고 분리파의 지도자가 된다. 전통 음악에 도전한 베토벤이라는 인물의 개혁가 정신을 분리파가 이어받는다는 뜻을 담은 것이다. 이 점은 바로 클림트 미술의 정신이기도 했다.

종종 클림트의 그림들은 여성을 중심으로 한 관능성이나 금박을 많이 사용한 장식성 등으로 대표되는 경우가 있는데, 이것은 그의 넓은 세계에 비하면 일부에 불과하다. 그는 장식주의, 관능주의, 표현주의 등을 섭렵하고 자신만의 예술세계를 추구한 선구자였다. 많은 후배 화가들과 건축가, 공예가들이 클림트의 정신을 존중하고 따랐다. 그러나 화풍에 있어서는 진정한 클림트의 계승자가 없다는 평가이니, 그럼으로써 클림트는 보다 고독하고 독보적인 존재로 영원히 남게 되었다.

밖으로 나오면 호수 옆으로 가로수가 늘어선 길이 나온다. 비록 철문으로 닫혀 있지만, 철장 사이로 보이는 풍경은 클림트의 풍경화 「슐로스 캄머 정원의 길」에서 보았던 그 길이고 그 건물이다. 어느 여름 클림트가 이젤을 들고 나와 이 자리에서 그림을 그렸을 것이다. 이곳이 '슐로스 캄머'로, 클림트의 풍경화에 자주 등장하는 건물이다.

슐로스 캄머는 이름처럼 성城이지만, 그렇게 느껴지지 않는다. 이 건물은 1200년경에 지어졌는데, 원래는 아터제 안의 작은 섬이었다고 한다. 성을 쌓아 외적으로부터의 방어를 쉽게 했다. 그러다가 나중에는 다리로 육지와 연결했으며, 결국 땅이 매립되어 지금처럼 튀어나온 지형이 되었다. 성은 그 안의 3층 건물이다. 본관 같은 건물 좌우로 날개를 펼친 듯 두 건물이 있는데, 두 날개가 모아져 세 건물이 삼각형을 이룬다. 그 안에 안마당과 예배당이 있다. 슐로스 캄머는 오랫동안 여러 주인을 거쳐, 지금도 사유지로 남아 있다. 기업체의 행사나 회의장 용도로는 쓰이지만, 일반 관광객들에게는 개방하지 않는 점이 아쉽다.

구스타프 클림트, 「슐로스 캄머 공원의 산책로」

이곳은 앞서 말한 말러의 집과 같은 아터제에 있으며 거리도 지척이다. 그렇다면 클림트와 말러는 만난 적이 있을까? 그들이 아터제를 방문했던 연대로 보면, 두 사람이 이곳에서 마주친 적은 없을 것이다. 우리가 사랑하는 오스트리아의 두 천재가 만나는 광경을 상상해 본다. 너무나 상반된 옷차림으로 아터제의 호반을 함께 걸으면서 얘기를 나누는 두 명의 구스타프…….

이런 생각을 하면서 돌아 나오는데 한 무리의 아이들이 잔디밭을 뛰어다니고 있다. 아이들은 모두가 이젤이나 스케치북 또는 팔레트, 붓을 들고 있다. 이곳에서 클림트를 흉내 내어 그림을 그리는 중이다. 그런데 자세히 보니 아이들 옷이 특이하다. 어디선가 본 듯하다. 그렇다, 클림트의 가운이다. 클림트는 편하게 작업하기 위해서 목에서부터 다리까지 닿는 포대 같은 옷을 만들어 입었다. 그리고 그 안에 속옷도 입지 않은 채로 집 안을 돌아다니면서 작업했다고 한다.

아이들에게 그 옷을 일일이 만들어 입힌 선생님의 아이디어와 정성이 대단해 보인다. 꼬마 클림트들이 팔레트를 들고 깔깔깔 웃으면서 슐로스 캄머 앞의 잔디밭을 내달린다. 이 귀여운 아이들 중에서 제2의 클림트가 나올지도 모를 일이다.

클림트의 작업복을 입고 수업 중인 아이들

할슈타트 주변

할슈타트 Hallstatt

잘츠캄머구트에는 아름다운 호수와 예쁜 마을이 구석구석에 많다. 그 중에서도 깊숙이 들어앉았듯이 숨어 있는 작은 마을이 할슈타트다. 할슈타트 역시 할슈타트 호반에 위치한다.

뒤로는 알프스에서 이어진 다흐슈타인 산맥의 깎아지른 바위가 벼랑처럼 서 있고, 앞으로는 깊은 할슈타트 호수의 수면이 유리처럼 빛난다. 산과 물이 빚어내는 절묘한 경승이다. 그 속에서 마을의 인공적인 아름다움이 경치의 정점을 찍어 준다. 마을 인구는 겨우 800명 정도다. 이들은 세상을 잊고 산속 구석에서 살고 있는 듯하다. 그야말로 동화책에서 본 듯한 마을의 대표적인 모습이 할슈타트다.

이곳은 1997년 유네스코 세계유산으로 지정되었는데, 경관이 아름다워서가 아니라 두 가지 역사적 이유 때문이다. 첫째, 기원전 2000년부터 채굴했던 세계에서 가장 오래된 암염 광산이 이곳에 있다. 이 지역에 옛날부터 사람이 살았고 문명이 형성된 것은 인간에게 필수인 소금이 발견되었기 때문이며, 더불어 그 소금이 경제의 원동력이 되었던 것이다.

이렇게 생산된 소금을 통해 얻은 경제적 부를 기반으로 철기 문화가 태동한 것이 두 번째 이유다. 할슈타트 마을 뒤편에서 철기 유물들이 출토되어 이곳은 유럽의 초기 철기 문화를 대표하는 곳이 되었다. 기원전 1000년에서 기원전 500년 정도에 번영한 것으로 여겨지는 이 초기 철기 문화를 '할슈타트 문화'라고도 한다.

19세기 후반까지만 해도 할슈타트는 배로만 접근이 가능한 마을이었다. 그래서 이 마을은 외부의 손을 타지 않고 옛 모습 그대로 유지되었다. 하지만 1890년에 서쪽 강가의 바위를 폭파하여 길을 내고 차편으로도 접근할 수 있게 되었다. 그것은 마을이 알려지게 된 계기가 되었지만, 동시에 이곳에 관광객의 홍수를 불러왔다.

마리아 암 베르크 성당 Pfarrkirche Maria am Berg

할슈타트 마을 뒤 높은 곳에 '마리아 암 베르크 성당'이 있다. '산 위에 있는 마리아 교회'라는 뜻으로, 높은 곳에 있어 면적이 제한된 만큼 무척 좁다. 마당에 묘지가 있는데, 땅이 좁아서 10년마다 유골을 발굴해 납골당으로 이장해 보존해 왔다. 그래서 납골당에는 많은 유골들이 차곡차곡 질서정연하게 보존되어 있다. 그야말로 '해골 교회'의 모습이다.

할슈타트 박물관 Hallstatt Museum

'할슈타트 박물관'은 7,000년을 이어 온 길고 독창적인 할슈타트 문화를 보여 주기 위해 만든 박물관이다. 석기 시대부터의 이곳 사람들의 생활상을 미니어처로 만들어 아주 자세하게 보여 준다. 특히 암염 채굴

할슈타트

에 관한 부분은 세계에서 가장 자세하다고 할 수 있다.

할슈타트 소금 광산 Salzwelten Hallstatt

'할슈타트 소금 광산'은 과거 암염을 캐던 광산을 관광객을 상대로 투어 코스로 만든 곳이다. 개인 방문은 안 되고, 케이블카를 타고 올라가서 가이드를 따라 단체 투어에 참여해야 한다. 작업복을 입고 완전무장하고 들어가는데, 문화적으로나 인류사적으로나 한번쯤은 볼 가치가 있다. 투어에 두세 시간 이상 걸린다는 점은 감안해야 한다.

할슈타트 소금 광산

할슈타트는 유난히 한국인과 중국인 관광객이 많은 곳이다. 2012년 중국의 한 광산회사 경영자가 할슈타트를 보고 감동한 나머지 중국 광동성의 후이저우惠州시에 할슈타트 전체를 실제 크기 그대로 복제했다. 채굴하고 남은 노천 광산을 복원하여 '짝퉁' 할슈타트를 만든 것이다. 이 사건을 두고 말이 많았지만, 이 건설로 도리어 진짜 할슈타트 마을을 보기 위해 중국인들의 방문이 폭주했다. 결국 할슈타트 주민들은 중국의 일을 환영하기에 이르렀고, 주민 대표들이 후이저우의 '중국 할슈타트'를 방문하는 '역관광'이 생겼다.

그 결과 이제 할슈타트는 관광객들로 몸살을 앓는 지경이 되었다. 할슈타트가 아름다운 곳이라는 사실은 부인할 수 없지만, 잘츠 캄머구트에 숨어 있는 그 많은 마을들 중에서 굳이 이곳에만 와서 그렇게 카메라 셔터를 눌러 대는 분들을 보면 썩 즐겁지만은 않다. 여행은 늘 그렇지만, 잘츠캄머구트도 스스로의 발걸음으로 찾아가는 이름 모를 마을에서 더 큰 감동을 만나게 된다.

부 록

잘츠부르크의 호텔

연중 전 세계의 방문객을 맞는 잘츠부르크는 두 가지 극단적인 숙박 형태를 보인다. 페스티벌이 열리는 여름에는 방을 구하기가 어렵고 가격도 아주 비싸다. 반면 겨울은 너무 추워서 방문객이 감소하기 때문에 아예 문을 닫는 호텔도 많다. 그래서 도리어 호텔을 구하기가 힘든 아이러니한 상황도 생긴다. 구도심은 호텔의 방 수가 적고, 가격이 비싸다. 요즘 잘츠부르크 역을 중심으로 현대식 호텔들이 많이 생겨나서 조금 숨통이 트이는 추세다.

잘츠부르크 시내의 서안 지역

호텔 골데너 히르슈
Hotel Goldener Hirsch

역사적인 구시가의 600년도 더 된 건물에 들어선 고급 호텔. 인테리어와 가구들이 티롤지방의 시골 모습을 재현하고 있다. 1층 식당의 음식도 뛰어나다. 페스티벌하우스에서 1분 거리로 가장 가까운 호텔이다. (97쪽)
www.goldenerhirschsalzburg.at

아트호텔 블라우에 간스
Arthotel Blaue Gans

600년이 넘는 전통적인 건물을 현대식 인테리어로 바꾸었다. 방마다 오스트리아 현대미술가들의 작품으로 꾸며져 있다. 구도심 한복판에 있어서 위치가 좋고 페스티벌 관람에도 편리하다. 아주 훌륭한 식당을 가지고 있다. (99쪽)
www.blauegans.at

호텔 알트슈타트
Radisson Blu Hotel Altstadt

시내의 유서 깊은 유덴가세 깊숙이 자리 잡은 전통적인 호텔이다. 양조장으로 사용하던 옛 모습 등 건물 자체가 주는 고색창연한 분위기가 각별한 고급 호텔이다. 지금은 래디슨 체인의 하나로 들어가 있다. (160쪽)

www.radissonblu.com

호텔 엘레판트
Hotel Elefant

구도심의 멋진 거리인 지그문트 하프너가세에 있는 전통적인 호텔이다. 700년 된 낡은 건물을 개조하여, 가정집에 묵는 기분을 준다. 방이 30개 정도에 불과한 작은 호텔로, 잠시나마 골목에서 사는 기분을 느낄 수 있다.

www.hotelelefant.at

호텔 암 돔
Boutiquehotel am Dom

레지덴츠 광장에서 돔 건너편의 작은 호텔이 암 돔, 이름 그대로 '대성당에 면해 있는 호텔'이다. 골트가세 안의 오래된 건물을 이용하고 있다. 내부를 완전히 현대적인 인테리어로 바꾸고 현대미술품들로 장식하여 부티크호텔이라는 이름을 붙였다. 방이 10여 개에 불과할 정도로 규모가 작아 식당이 없다. (161쪽)

www.hotelamdom.at

호텔 슐로스 뫼히슈타인
Hotel Schloss Mönchstein

잘츠부르크 구도심을 둘러싼 뫼히스베르크 위에 있는 고급 호텔이다. 우아하고 고급스러운 분위기가 있으며, 시내를 굽어보는 전망이 절경이다. 시내의 번잡함을 피하고 싶으면서도 시내에서 가까운 곳을 원하는 사람에게 좋은 곳이다. 엘리베이터를 타고 갈 수 있으며, 뒤로는 차도도 있다. 방이 겨우 20여 개다. (78쪽)

www.monchstein.at

<hr>

호텔 자허
Hotel Sacher Salzburg

빈의 자허와 함께 오스트리아를 대표하는 호텔이다. 100년 전 세기말의 명사, 예술가들의 제2의 고향으로 통하던 곳이다. 시설보다는 서비스가 최고 수준인 호텔이다. 식당의 수준도 최고다. 잘자흐강 변에 있지만, 강이 보이지 않는 방도 많다. 페스티벌 기간에는 숙박비가 상당히 비싸다. (169쪽)

www.sacher.com

호텔 브리스톨
Hôtel Bristol Salzburg

마카르트 광장에 있는 유서 깊은 호텔. 규모가 작고 가족적인 분위기다. 뒤편으로 미라벨 정원이 있고 앞으로 모차르트의 집이 보이는 좋은 위치에 있다. 늘 자허와 비교되는데, 가격도 자허보다 조금 낮게 책정되어 있다. (185쪽)

www.bristol-salzburg.at

호텔 슈타인
Hotel Stein

잘자흐강 동안에서 서안을 바라보고 서 있다. 앞의 슈타츠 다리만 건너면 바로 구도심에 닿는다. 강가의 방이나 유명한 옥상 테라스에서 바라보는 구도심의 모습이 멋지다. 하지만 모든 방에서 구도심이 보이는 것은 아니고, 좁은 방도 많다. 최근에 대대적인 보수를 마쳤다.

www.hotelstein.at

호텔 쉐라톤 그랜드
Hotel Sheraton Grand Salzburg

미라벨 정원 뒤쪽에 있다. 평범하지만 방들은 널찍하다. 아침에 정원에서 먹는 식사가 하루의 기분을 좋게 한다. 위층의 좋은 방들은 전망이 좋다. 단체 관광객이 많이 오는 곳이다.

www.sheratongrandsalzburg.com

잘츠부르크 역 주변

호텔 유로파
Austria Trend Hotel Europa Salzburg

최근 잘츠부르크 역 옆에 들어선 최신식 호텔. 잘츠부르크에서 드문 고층 건물로 탁 트인 전망을 자랑한다. 현대적인 호텔이라 묵기 편하다. 역사적인 '호텔 드 뢰로프'가 있던 위치에 있지만, 그 흔적은 찾을 수 없다. (215쪽)

www.austria-trend.at

윈드햄 그랜드 호텔
Wyndham Grand Salzburg Conference Centre

잘츠부르크 역 앞에 있는 현대식 호텔. 구시가까지 버스를 타고 이동해야 하지만 역을 이용하는 데는 편리하다.

www.wyndhamhotels.com

에이치 호텔
H + Hotel Salzburg

잘츠부르크 역 앞에 있는 호텔. 구시가까지는 걷기 어렵지만, 역이나 주변 소핑가를 이용하기 편리하다.

www.h-hotels.com

잘츠부르크 교외 지역

호텔 슐로스 푸슐
Hotel Schloss Fuschl

잘츠캄머구트 지역이 시작되는 푸슐 호숫가에 있는 최고급 호텔이다. 과거의 성관城館을 호텔로 만들어, 세계적 명성을 자랑한다. 이곳에서 보는 푸슐 호수의 전경과 부근의 청정 환경은 조용하게 쉬기에 최상의 조건을 제공한다. 식당도 훌륭하며, 여러 레저 활동이 가능하다. 다만 잘츠부르크 시내까지 매일 왕복하기는 좀 힘든 위치다. (261쪽)

www.schlossfuschlsalzburg.com

잘츠부르크의 식당 🍴

잘츠부르크 음식은 상대적으로 덜 알려진 편이나, 사실 이곳 음식은 꽤 수준이 높은 편이
다. 주변에서 생산한 질 좋고 청정한 식재료를 사용하기 때문에 신선한 전통 음식을 맛보
는 즐거움을 경험할 수 있다. 또한 수많은 카페에서 곁들이는 음식도 수준급이며, 이탈리
아, 프랑스, 아시아 식당도 많다.

잘츠부르크 시내의 서안 지역

팡 에 뱅
Pan e Vin

작지만 음식의 품질에 있어서 어디에도 뒤지지 않는 이탈리아 식당이다. 묀히스베르크
산 밑의 바위 속에 들어가 있는 식당의 위치가 특이하다. 이탈리아를 중심으로 한 지중해
식 해물요리가 아주 훌륭하다. (158쪽)
www.panevin.at

트리앙겔
Triangel

페스티벌하우스 건너편에 위치하여, 페스티벌하우스에서 가장 가까운 식당이다. 그러므
로 많은 예술가들을 볼 수 있는 곳이다. 음식도 훌륭한데, 근교의 농장에서 생산한 고품
질의 유기농 식재료만 사용한다는 곳이다. 제대로 된 식사도 할 수 있지만, 간단히 먹기
에 좋은 곳이다. (75쪽)
www.triangel-salzburg.co.at

자라스트로
Sarastro

현대미술관 루퍼티눔 안의 식당이다. 음식도 괜찮으며, 축제극장 바로 앞이라서 위치가
좋아 편리하다. 1층에 있어서 정원의 테라스도 좋다. (85쪽)
www.sarastro.co.at

M32

묀히스베르크산 위에 있는 현대미술관 MdM의 식당이다. 디자이너 마테오 툰의 인테리
어가 강렬하지만, 잘츠부르크 전체가 보이는 바깥 테라스가 더욱 매력적이다. 셰프 제프

쉘로른의 솜씨가 뛰어나며, 잘츠부르크의 전통 음식을 바탕으로 이탈리아나 프랑스 풍의 메뉴도 많다. (82쪽)

www.m32.at

카르페 디엠
Carpe Diem Finest Fingerfood

레드불의 창업자 디트리히 마테쉬츠가 세운 식당으로, 핑거푸드라는 개념을 잘츠부르크에 처음 도입한 곳이다. 세련되고 뛰어난 음식을 맛볼 수 있으며, 술이나 음료수를 마실 수 있는 전용 공간이 있다. (96쪽)

www.carpediemfinestfingerfood.com

골데너 히르슈
Goldener Hirsch

같은 이름의 고급 호텔 1층에 있는 식당으로, 식당도 호텔의 명성에 못지않다. 고전적인 향취의 잘츠부르크 요리를 맛볼 수 있다. (97쪽)

www.goldenerhirschsalzburg.at

블라우에 간스
Restaurant Blaue Gans

아트호텔 블라우에 간스에 있는 식당이다. 이전 이름인 라 타볼라타(La Tavolata)로도 통한다. 외부 테라스가 인기가 좋지만, 지하가 650년이 넘는 원래의 식당이다. 합스부르크 황실의 궁정요리에 알프스 농부들의 소박한 양식을 섞고 거기에 현대식을 가미한 새로운 요리를 선보인다. 뛰어난 식재료와 세련된 음식 솜씨 모두 수준급이다. 음악가들을 자주 볼 수 있는 곳이기도 하다. (99쪽)

www.blauegans.at

성 페터 슈티프츠쿨리나리움
St. Peter Stiftskulinarium

성 페터 수도원 옆에 있는 식당으로 "유럽에서 가장 오래된 식당"이라고 한다. 입구는 좁지만 바위 밑의 안쪽은 쾌적하고 흥미로운 공간이다. 잘츠부르크 전통 음식을 기반으로 수준급의 음식을 낸다. (134쪽)

www.stpeter.at

슈티글켈러
StieglKeller

유명한 슈티글 양조장에서 운영하는 대형 맥줏집 겸 식당이다. 구시가 뒤의 호엔잘츠부르크 성을 오르는 길 중턱에 위치하여 전망이 좋다. 맥주뿐만 아니라 잘츠부르크 전통요리도 맛볼 수 있다. (114쪽)
www.restaurant-stieglkeller.at

슐로스 묀히슈타인
Hotel Schloss Mönchstein

같은 이름의 호텔 1층에 있는 고급 식당이다. 전통요리와 프랑스 요리를 섞은 음식이 훌륭하며, 전망과 부근의 환경도 좋다. (79쪽)
www.monchstein.at

나가노
Nagano

구시가 골목 안에 있는 일식당이다. 중국인이 운영하는 곳으로, 일식의 평가가 그리 좋지는 않다. 유럽에서는 평범한 수준이다. 하지만 한국의 인스턴트 라면을 끓여 준다는 것만으로도 여행자의 속과 마음을 위로할 수 있는 집이다. 단무지는 따로 주문할 수 있다. 세계적인 오페라 스타도 즐겨 찾았던 곳이다.
www.nagano-salzburg.com

잘츠부르크 시내의 동안 지역

자허
Hotel Sacher

호텔 자허에는 식당이 여러 개 있다. 치르벨침머(Zirbelzimmer), 로터 살롱(Roter Salon), 잘자흐 그릴(Salzach Grill), 카페 자허(Café Sacher) 등인데, 공간적으로만 구분돼 있을 뿐 사실상 음식은 대동소이하다. 메인 식당은 치르벨침머와 로터 살롱이다. 호텔의 명성에 걸맞은 격조 있는 음식을 선보인다. (171쪽)
www.sacher.com

피델렌 아펜
Zum Fidelen Affen

이 식당은 40년밖에 되지 않았지만, 건물은 1647년에 지은 것이다. 처음에는 맥줏집으로 시작했으며, 지금의 식당은 1978년에 오픈했다. 오스트리아식 맥줏집이지만, 잘츠부르크 전통 음식들은 가정식 같은 곳이다. (210쪽)
www.fideleraffe.at

프란치스키슐뢰슬
Franziskischlössl

카푸치너베르크산 정상에 있는 식당. 역사적인 장소이며 전망이 일품인데, 그에 못지않게 전통요리를 바탕으로 한 음식 또한 훌륭하다. 걸어가는 동안의 트래킹도 아주 좋다. (213쪽)
www.franziskischloessl.at

무궁화
Hibiskus

모차르테움 안에 한식당이 있다. 제법 매운 한식을 그런대로 다양하게 즐길 수 있다. 현지인들도 많이 찾는다. 냄새가 심하므로 공연 전에는 유의해야 할 것이다.
www.koreaskueche.at

묀히스베르크 뒤편 지역

에스침머
Esszimmer

오스트리아 요리를 중심으로 프랑스 등 국제적인 요소를 배합한 파인 다이닝 식당이다. 걸어서 가기는 힘들고 택시를 타는 것이 좋다.
www.esszimmer.com

브루나우어
Brunnauer

과거 잘츠부르크를 대표하는 식당이었던 마가진의 셰프 리하르트 브루나우어가 세운 곳이다. 최고의 식재료를 이용한 오스트리아 음식을 바탕으로 하는 프랑스식 요리를 낸다. 요리만으로는 잘츠부르크 전체에서 최고 수준의 식당이 아닐까 한다. (226쪽)
www.restaurant-brunnauer.at

이카루스
Ikarus

레드불의 회장 디트리히 마테쉬츠가 세운 격납고 항가 7에 있는 식당이다. 섬세한 고급 요리를 내는 곳으로, 상주하는 셰프가 없다. 대신 세계 유명 식당들의 셰프가 번갈아 가며 한 달씩 방문하여 이곳의 스태프들과 함께 매달 다른 코스를 선보인다. 대단히 섬세한 요리가 나오는데, 가격은 상당히 비싸다. 라운지 음악이 종종 식사를 방해하기도 한다. (222쪽)
www.hangar-7.com

페퍼쉬프
Pfeffershiff

아름다운 전원에 있는 그림 같은 식당이다. 시골풍으로 섬세하게 갖춘 인테리어나 나무 그늘 밑의 야외 테라스 등 모든 것이 인상적이다. 식사는 더욱 훌륭하여 거의 흠잡을 데가 없는 수준이다. 한마디로 예상치 못한 풀밭에서 접하는 예상을 뛰어넘는 세련된 식탁이라고 할까. (220쪽)
www.pfefferschiff.at

슐로스 아이겐
Schloss Aigen

잘츠부르크 교외의 훌륭한 식당이다. 주변 환경이 아름답고 식당 자체도 전문적이다. 좋은 재료와 섬세한 조합으로 수준급의 요리를 제공한다. (225쪽)
www.schloss-aigen.at

게르스베르크 알름
Gersberg Alm

산 중턱에 있는 식당으로 전망이 훌륭하다. 전형적인 티롤풍의 건물에서 잘츠부르크 시내를 내려다보면서, 토속적인 음식을 맛볼 수 있다. (226쪽)
www.gersbergalm.at

슐로스 푸슐
Hotel Schloss Fuschl

고급 호텔인 슐로스 푸슐 안에 있는 식당이다. 호수를 바라보는 전망이 아주 빼어나다.

식사 역시 훌륭하며, 푸슐 호수에서 잡은 생선을 재료로 만든 세련된 음식을 제공한다. (263쪽)

www.schlossfuschlsalzburg.com

카페 토마젤리
Café Tomaselli

식사 시간이 되었을 때, 제대로 된 식당을 찾는 것은 부담스럽고 그렇다고 관광객을 상대로 한 얼치기 식당이나 패스트푸드점은 내키지 않을 때, 간단히 해결할 수 있는 곳이 카페 토마젤리다. 이것은 오스트리아 전체에 해당하는 이야기다. 전통을 자랑하는 토마젤리는 식사 메뉴 역시 뛰어나서 잘츠부르크 요리는 물론이고 오스트리아 전통 식사는 거의 다 제공한다. (149쪽)

www.tomaselli.at

카페 자허
Café Sacher Salzburg

카페 자허의 음식은 어지간한 레스토랑 못지않은 자부심으로 넘친다. 특히 간단한 오스트리아 음식들은 수준급이다. 그중에서도 '자허 부르스트'라고 부르는 이곳만의 삶은 소시지는 식사 대용으로도 훌륭하다. '비너 슈니첼'도 뛰어나다. (171쪽)

www.sacher.com

카페 바자르
Café Bazar

기품이 넘치는 전형적인 잘츠부르크 카페인 바자르는 식사도 뛰어나다. 여러 가지 간단한 식사가 가능하다. 특히 아침 식사가 좋은데, 잘자흐강이 보이는 테라스에 앉아서 먹는 아침은 상쾌한 하루의 시작으로 제격이다. (172쪽)

www.cafe-bazar.at

카페 베른바허
Café Wernbacher

미라벨 정원 뒤쪽에 있는 독특한 분위기의 카페다. 간단한 식사도 할 수 있다. 특히 아침 식사와 브런치가 인기가 있다. (211쪽)

www.cafewernbacher.at

가는 방법

잘츠부르크
Salzburg

우리나라에서 잘츠부르크로 바로 가는 직항 비행기는 없다. 그러므로 유럽의 허브 공항들, 즉 암스테르담, 파리, 런던 등을 경유할 수밖에 없다. 주로 프랑크푸르트 공항을 통하여 가는 항공편이 많다.

인천에서 직항편이 있는 유럽 도시들 중에서 잘츠부르크에 가장 가까운 공항은 뮌헨 공항이다. 뮌헨에서는 육로로도 잘츠부르크에 갈 수 있는데, 열차로는 1시간 30분 정도 걸린다. 잘츠부르크까지의 거리는 빈보다도 뮌헨이 가깝다. 간혹 같은 오스트리아라는 이유로 빈을 경유해서 가는 것이 좋을 것이라는 분이 있는데, 굳이 빈을 경유할 이유는 없다. 특히 페스티벌이 열리는 여름이라면, 빈은 공연도 없고 거의 바캉스 시즌이다. 빈에서 잘츠부르크까지는 열차로 2시간 30분 정도 걸린다.

오스트리아 철도청 www.oebb.at
독일 철도청 www.bahn.com
유레일 한국어 사이트 www.eurail.com/kr
(모바일 어플리케이션은 한번 다운받은 후에는 인터넷 연결 없이 열차 시간 검색 가능)

렌터카　렌터카는 잘츠부르크 공항에서 이용할 수 있다. 공항터미널 맞은편 주차장 1층에 렌터카 회사 사무실들이 있다. 잘츠부르크 중앙역에서도 렌터카를 이용할 수 있다. 각 호텔에 문의해도 된다. (오스트리아 고속도로를 이용하려면 스티커가 필요하다. 오스트리아에 입국할 때 국경 근처의 휴게소나 주유소 또는 담뱃가게에서 스티커를 구입하여 차에 부착해야 한다. 톨게이트에서 비용을 계산하는 대신이다.)

잘츠감머구트

장크트 길겐
St. Gilgen

버스　잘츠부르크 중앙역 정문 왼편, 쥐트티롤러 광장(Südtiroler Platz)에서 포스트버스 150번 탑승, 장크트 길겐 버스반호프(St. Gilgen Busbahnhof)에서 하차. 약 50분 소요.

레드불 본사
Red Bull GmbH

버스 잘츠부르크 중앙역에서 포스트버스 150번 탑승, Fuschl am See Brunnerwirt
에서 하차. 약 37분 소요.

주소 Am Brunnen 1, 5330 Fuschl am See   전화 +43 662 65820

energydrink.redbull.com

호텔 슐로스 푸슐
Hotel Schloss Fuschl

버스 잘츠부르크 중앙역에서 포스트버스 150번 탑승, Hof b. Salzburg Abzw Schloss
Fuschl에서 하차. 33분 소요. 하차 후 호텔까지는 도보로 약 10분.

주소 Schloss Strasse 19, 5322 Hof bei Salzburg   전화 +43 6229 22530

www.schlossfuschlsalzburg.com

장크트 길겐 모차르트 하우스
Mozarthaus St. Gilgen

버스 잘츠부르크 중앙역에서 포스트버스 150번 탑승, 장크트 길겐 버스반호프에서 하
차, 표지판을 따라 호수의 부두 방향으로 150m. 도보로 약 10분. 몬트제에서 포스트버
스 356번 탑승.

자동차 바트 이슐 방면으로 이어지는 B158번 도로를 타고 Wolfgangsee Bundes
strasse를 따라간다. St. Gilgen 표지판을 따라 Zwölferhorn 케이블카의 계곡 역에서
좌회전 후, 케이블카 역을 따라 Dorfstrasse로 간다. Hauptplatz 건너편 마을 회관에서
Wolfgangsee의 제방으로 가면 부두에서 왼쪽에 위치. 주차장은 건물 뒤의 호수 쪽에
입구가 있다. 주차 대수가 제한적이다.

주소 Ischlerstraße 15, 5340 St. Gilgen   전화 +43 6227 20242

www.mozarthaus.info

장크트 볼프강
St. Wolfgang

버스 잘츠부르크 중앙역에서 포스트버스 150번 탑승, Strobl Busbahnhof(Bahn
strasse)하차 후, 포스트버스 546번으로 환승, St. Wolfgang im Salzk.Schafbergbf
(R.Stolz-Strasse)에서 하차하면 샤프베르크 여객터미널(Schiffstation Schafberg).
약 1시간 30분~1시간 50분 소요(환승 시간에 따라).

자동차 B158 도로의 Kaiserpark Tunnel을 지나면 St. Wolfgang에 도착.

장크트 볼프강 성당
Pfarr- und Wallfahrtskirche St. Wolfgang

버스 포스트버스 546번을 타고 샤프베르크 유람선 정류장 전역인 마르크트 여객터미널(St. Wolfgang im Salzk. Markt)에서 하차. 샤프베르크 유람선 선착장에서 도보로 10분. 마르크트 여객터미널에서 도보로 3분.

주소 Markt 18, 5360 St. Wolfgang 전화 +43 6 138 2321

호텔 바이세스 뢰슬
Romantik Hotel im Weisses Rössl

버스 마르크트 여객터미널에서 도보로 1분, 버스정류장에서 도보로 3분.
자동차 볼프강 호수에 도착하면 스트로블(Strobl)에서 St. Wolfgang 방향.
주소 Markt 74, 5360 St. Wolfgang 전화 +43 6138 2306

몬트제
Mondsee

버스 잘츠부르크 중앙역 쥐트티롤러 광장(Südtiroler Platz)에서 포스트버스 140번 탑승, 몬트제 버스터미널(Franz-Kreutzberger-Strasse)에서 하차. 약 55분 소요.

성 미카엘 성당
Basilika St. Michael

버스 몬트제 버스터미널(Franz-Kreutzberger-Strasse)에서 도보로 5분.
주소 Kirchengasse 1, A-5310 Mondsee 전화 +43 6232 4166
www.pfarre-mondsee.at

말러의 오두막
Gustav Mahler KomponierHäuschen

버스 클림트 센터 앞 정류장에서 포스트버스 562번 탑승, Seefeld/Attersee Gh Föttinger에서 하차. 약 16분 소요. 푀팅거 호텔에서 호수 쪽으로 2분.
주소 Seefeld 14, 4853 Steinbach am Attersee 전화 +43 7663 8100

구스타프 클림트 센터
Gustav Klimt Zentrum am Attersee

열차 잘츠부르크에서 직행 버스나 기차는 없다.
잘츠부르크에서 빈, 린츠 혹은 아트낭푸크하임행 열차를 타고, Vöcklabruck Bahnhof

역에서 Kammer-Schörfling Bahnhof행 열차로 환승, 종점에서 하차. 1시간 30분~1시간 50분 소요. 역에서 클림트 센터까지 도보로 약 3분.

열차 + 버스 Vöcklabruck Bahnhof까지 위의 방법으로 가서, 역 앞 Vöcklabruck 광장에서 포스트버스 582번을 타고 Kammer-Schörfling Bahnhst (Vorplatz)에서 하차. 클림트 센터까지 도보로 약 3분.

주소 Hauptstraße 30, 4861 Kammer-Schörfling am Attersee
전화 +43 664 8283990
www.klimt-am-attersee.at

슐로스 캄머
Schloss Kammer

클림트 센터에서 호숫가 쪽으로 도보 3분. 허가를 받지 않으면 들어갈 수 없다.
주소 Hauptstraße 28, 4861 Schörfling am Attersee

할슈타트
Hallstatt

열차 잘츠부르크 중앙역에서 빈행이나 그라츠행 열차를 타고 아트낭푸크하임(Attnang-Puchheim)에서 Obertraun-Dachsteinhoehlen행 열차로 환승. 종점 바로 앞의 역인 Hallstatt에서 하차. 2시간~2시간 25분 소요. 할슈타트 역에서 페리보트로 마을 중심지까지 이동. 열차 시간에 맞춰 보트 운행. 15분 소요.
www.hallstattschifffahrt.at

버스 잘츠부르크 중앙역에서 포스트버스 150번 탑승, 바트 이슐에서 542번 버스로 환승. Hallstatt Gosaumühle에서 다시 543번 버스로 환승하면 할슈타트 마을 중심부인 선착장까지 이동 가능. Hallstatt Lahn(페리 선착장)에서 하차. 약 2시간 40분 소요.

마리아 암 베르크 성당
Pfarrkirche Maria am Berg

주소 Kirchenweg 40, 4830 Hallstat   전화 +43 6134 8279
www.kath.hallstatt.net

할슈타트 박물관
Hallstatt Museum

주소 Seestrasse 56, 4830 Hallstatt   전화 +43 6134 828015
www.museum-hallstatt.at

잘츠부르크 추천 투어 코스

다음 코스는 편리를 위해서 추천하는 것이다. 모든 코스는 걸어 다니는 경우로 설정하였으며, 각 코스의 소요 시간은 3~4시간 정도다. 그러니 오전 혹은 오후의 반나절 투어로 적당하다. 하루 시간이 있으면 다음 중 두 코스를, 이틀은 세 코스를 선택하면 된다.
중간에 카페나 식당은 휴식을 위해서 넣은 것이니 참고만 하기 바란다. 그중에는 본문에서는 언급하지 않은 것도 간혹 있다. 중간에 (   )로 표시되어 있는 것은 시간이나 체력을 감안하여 생략해도 되는 코스다.

잘자흐강 서쪽 – 축제극장을 중심으로 반나절 투어   제1코스

페스티벌하우스 앞에서 출발 → 잘츠부르크 대학 도서관 → 세마장 → 팡 에 뱅 → 묀히스베르크산 엘리베이터 입구 → 엘리베이터로 올라가서 → M32 → 현대미술관(MdM) → (호텔 슐로스 묀히슈타인) → 엘리베이터로 내려와서 → 비버 철공소 → 게트라이데가세 → 슈포러 → 퓌링거 → 모차르트 생가 → 구 시청 앞(1층이 시계 가게) → 지그문트 하프너가세 → 호텔 엘레판트 → 서점 횔리글 → 벨츠 갤러리 → 무지크하우스 카톨니크 → 프란치스카너가세 → 묀히스베르크 지하도 → (츠바이크 센터행 엘리베이터로 올라가서 → 슈테판 츠바이크 센터 → 엘리베이터로 내려와서) → 막스 라인하르트 광장 → 루퍼티눔 → 트리앙겔 → 잘츠부르크 잘츠 → 루돌프 부댜 갤러리 → 대학 광장 → 대학교회 → 마이 홈 뮤직 → 아트호텔 블라우에 간스(식당 및 호텔) → 호텔 골데너 히르슈(식당 및 호텔) → 헤르베르트 폰 카라얀 광장 → 페스티벌하우스 숍 (마지막에 축제극장에서 백스테이지 가이드 투어가 있으므로 참가해도 된다. 숍에 문의하면 된다. 1시간 정도 소요된다)

잘자흐강 서쪽 – 대성당을 중심으로 반나절 투어   제2코스

대성당 옆의 레지덴츠 광장에서 출발 → 레지덴츠 광장 → 모차르트 광장 → 서점 슈티어를레 → 잘츠부르크 미술관 → (논베르크 수도원) → 유덴가세 → 호텔 알트 슈타트 → 알터 마르크트 광장 → 아우가르텐 → 대주교 약국 → 카페 토마젤리 → 카페 퓌르스트 → 다시 알터 마르크트 광장 → 골트가세 → 레지덴츠 광장 → 돔 광장 → 대성당 → 페스퉁스가세 → (푸니쿨라로 올라가서 → 호엔잘츠부르크 성 → 푸니쿨라로 내려와서) → 성 페터 수도원 묘지 → 성 페터 수도원 교회 → 성 페터 수도원

잘자흐강 동쪽 – 반나절 투어   제3코스

마카르트 다리 → 카라얀 생가 → 호텔 자허 → 카페 자허 → 카페 바자르 → 테아터가세 → 마이리셰 → 도플러 생가 → 모차르트의 집 → 마카르트 광장 → 삼위일체 성당 → 드라이팔리크카이츠가세 → 히비스쿠스(무궁화) → 미라벨 광장 → 모차르테움 → 로팍 갤러리 → (카페 베른바허) → 미라벨 궁전 → 미라벨 정원 → 란데스 테아터 → 모차르테움 재단(모차르테움 대강당) → 엘리자베트 카이 (여기서부터 잘자흐강 변 길을 따라 걷는 산책 코스다. 시간이 없으면 생략하고 마카르트 다리로 돌아가면 된다.) → 뮐너 다리 → 카페 암 카이 → 카이 프로메나데 → 잘자흐강 유람선 선착장

풍월당 문화 예술 여행 01

잘츠부르크

1판 1쇄 펴냄   2018년 6월 1일
1판 6쇄 펴냄   2025년 4월 7일

지은이   박종호

펴낸곳   풍월당
             06018 서울시 강남구 도산대로 53길 39, 4층
             전화 02-512-1466   팩스 02-540-2208
             www.pungwoldang.kr
출판등록일   2017년 2월 28일
등록번호   제2017-000089호

ISBN 979-11-960522-5-6 14980
ISBN 979-11-960522-4-9 (세트)

이 책의 판권은 지은이와 출판사에 있습니다.
이 책 내용의 일부 또는 전부를 재사용하려면 반드시 양측의 동의를 얻어야 합니다.

이 책은 아리따 글꼴을 사용하여 디자인 되었습니다.